the ultimate natural beauty book

頭から足のツマ先まで究極の

ナチュラルビューティブック

家庭で簡単に作れる美容のための
素敵な100のレシピ

ジョゼフィーン・フェアリー 著

竹内智子 訳

アニー・ハンソン 写真

First published in Great Britain in 2004 by
Kyle Cathie Limited,
122 Arlington Road,
London NW1 7HP
general.enquiries@kyle-cathie.com
www.kylecathie.com

All rights reserved. No reproduction, copy or transmission of this publication may be made without written permission. No paragraph of this publication may be reproduced, copied or transmitted save with the written permission or in accordance with the provisions of the Copyright Act 1956 (as amended). Any person who does any unauthorised act in relation to this publication may be liable to criminal prosecution and civil claims for damages.

Text © Josephine Fairley 2004
Photography © Annie Hanson 2004
with additional photography © Jekka McVicar (p. 21),
Clay Perry (p. 96) and Roger Phillips (pp. 42, 45, 54, 62, 72, 86, 127)

Stylist	Josephine Fairley
Editor	Stephanie Horner
Designer	Fran Rawlinson
Proof reader	Katie Joll
Indexer	Ursula Caffrey
Production	Sha Huxtable and Alice Holloway

Printed and bound in China

To the next generation of gorgeous girls – Fifi, Carson, Peaches, Pixie, Elvi, Roxy, Saba, Tiger, Little Roxy and Peggy – and to two handsome young men: Paris and Mars. But most especially this book is dedicated to Lily (Evans), for her invaluable and unfailingly cheerful help at all times as lighting assistant, gofer, backdrop-painter, tester – and model.

目次

初めに	8
顔	**15**
乾燥肌	17
普通肌	22
脂性肌	26
敏感肌	34
トラブル肌	41
成熟肌	49
トラブル対策	57
目	58
笑顔	65
メイクアップ	**69**
ヘア	**79**
バスタイムとボディ	**95**
バスタイム	96
ボディ	104
足	120
手	124
香り	131
内側から美しく	135
輝きを手に入れる	136
化粧品の作り方	**139**
各国の問合せ先	**154**
索引	**157**

初めに

巨万の利益を上げる化粧品業界の大物たちがなんと言おうと、スキンケアやヘアケア用品を作るのはきわめて簡単です。私はナイジェラ・ローソンでもなければ、ジェイミー・オリヴァーでもありません。(まして、ミシュランの三ツ星シェフではありません。)ですが、単純な真実です。サラダドレッシングを作ったりお茶をいれたりできるなら――あるいは二重鍋でチョコレートを溶かし、おいしい飲み物を作ることができるなら、あなたの前には正真正銘100パーセントナチュラルな化粧品の世界が開けています。

自然なビューティケアには、もの心ついたときからずっと熱烈な関心を向けてきました。バラの花びらと水を使った化粧品を初めて作ろうとしたのは3歳頃でしたが、実際は枝のしだれる白樺の木の下に住むと信じていた妖精たちの魔法の飲み物のつもりでした。しかし、今日、私ができるかぎり自分だけの化粧品を作るのには別の理由があります。それは、自分の口に入れるものをとても慎重に選ぶように、自分の肌につけるものもきちんと知っていたいからです（だから、私はもっぱらオーガニック食品を育て、買い、食べます）。そういった声は、次第に他の女性たちからも聞かれるようになっています。私たちは"よりクリーンな"ライフスタイルを求めているのです。いわゆる自然化粧品が必ずしも評判どおりのナチュラルなものではないことはわかっています。中にはかなりの割合で化学成分が含まれているものもあるでしょう。私たちの多くは総合的な"化学物質摂取量"を減らすため、ライフスタイルを変えようとしています。それは、食品添加物、保存料、処方薬や市販薬、農薬、合成香料といったものの日々の"カクテル"が、将来のある段階で健康にどんな影響を及ぼすかわからないからです。

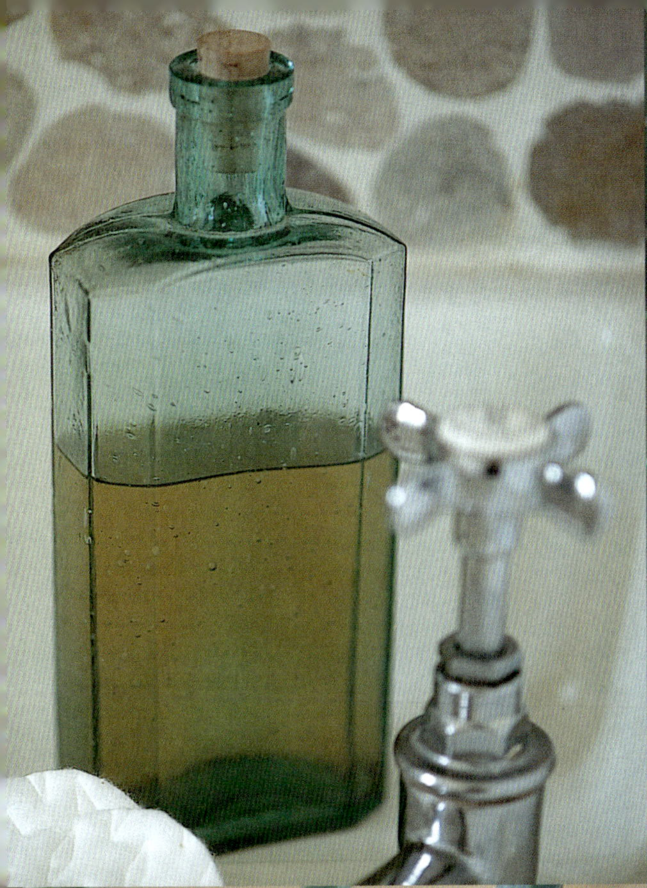
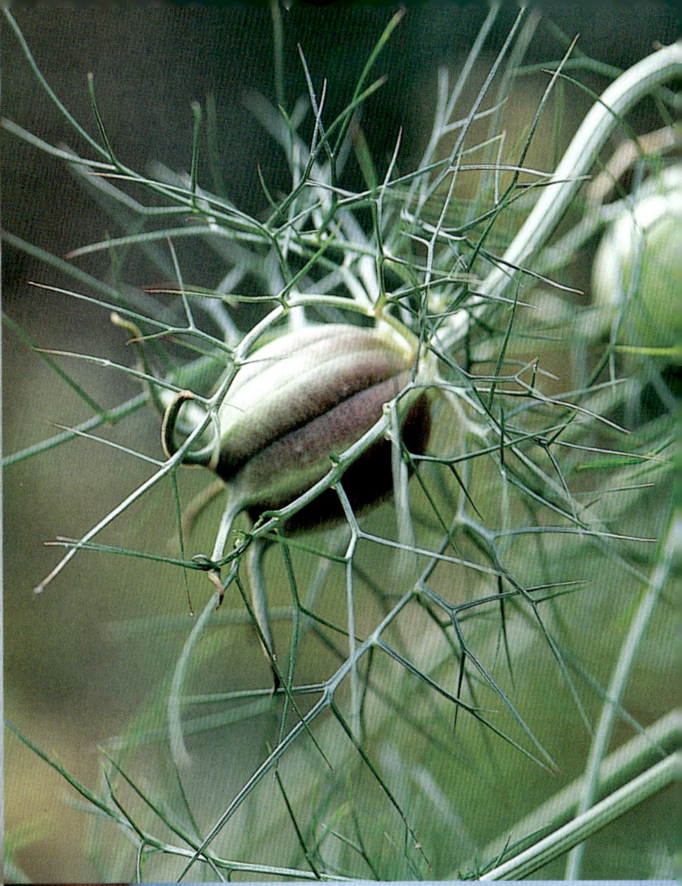
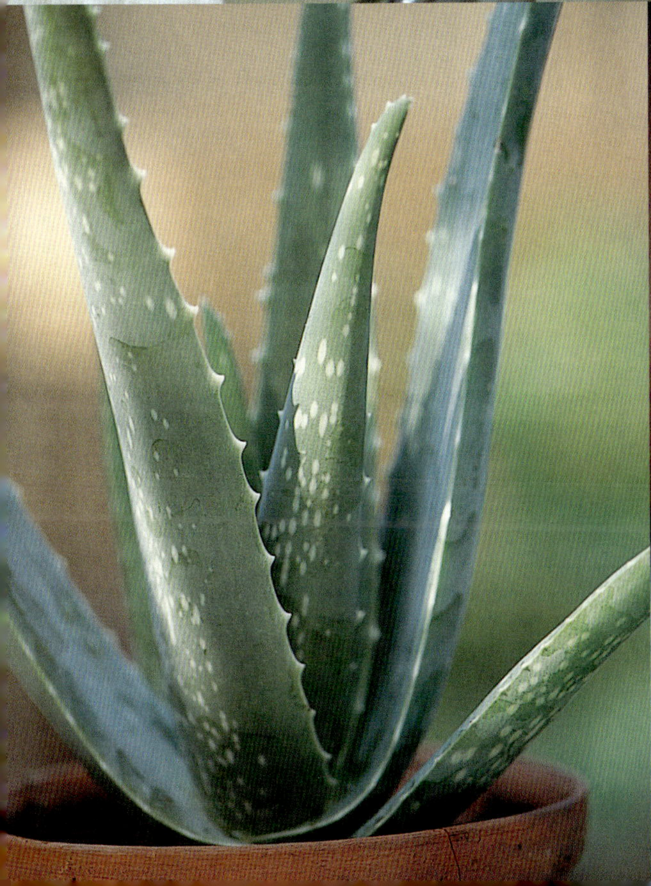
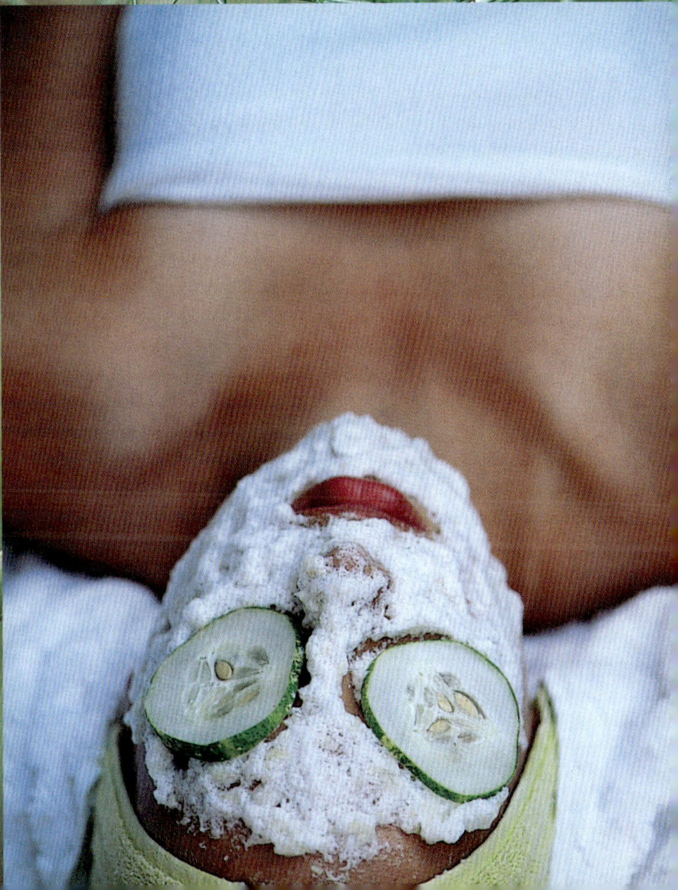

はじめに

　自然の材料を使ってあなた専用の化粧品を作り、植物やハーブの力を利用することによって、"賢い女性たち"から理解されカルペパーやジェラルドといった有名なハーバリストによって記録に残された植物の恩恵、植物の長所を十分に実感できるでしょう。真に植物性の美の世界は肌を守る成分に満ち溢れています。たとえば、バラには加齢抑制、セージには脱臭、抗酸化物質が豊富なマリーゴールドには肌荒れ緩和効果があります。（敏感肌に悩む多くの女性にとっては申し分ないでしょう。）

　実は、自宅で化粧品を作ることへの私の関心は、仕事上リサーチの一環として次から次へと定期的に新しいクリームを試さなければならないいわゆる"美容編集者の肌"が合成化粧品に対し次第に敏感になってきたことで高まりました。また、化粧品店で販売されているいわゆる"自然"化粧品は植物性の有効成分をラベルに表示していますが、そういった成分はたいてい高度に加工処理され、店頭に並ぶ頃には"自然"の力はすっかり弱められているのが現実だからです。

　自分の化粧品を作るのに有閑マダムである必要はありません。クレンジング剤やトナー（化粧水）やモイスチュアライザー（さらにはパックまで）は、コースディナーよりもはるかに手早く作ることができます。私は10代の頃に自分の化粧品を作って本気で試すようになって以来、こういった手作り化粧品がどんなに効果的か、どんなに短時間で作れるか、化粧品を創造し発明するのがどんなに楽しいかということに、驚きの連続でした。

　市販の化粧品に出番はないと言うつもりはありません。忙しすぎて手作りする時間がないときもあります。また、今では認定済みのオーガニック化粧品が市場に出回っています。（イギリスのザ・ソイル・アソシエーションとフランスのエコセールは、厳しい基準を満たす化粧品を認定し、そのマークの入った化粧品は世界中で入手できます。）ですが、化粧品カウンターで見つかる商品の多くには驚くほどすばらしい代替品があり、それらは簡単に作れ、使い心地も最高です。私はこの本のために、とても簡単なレシピを用意しました。かろうじてゆで卵を作れる人にも作れるような……。

化粧品を手作りすることによる思いがけない大きな利点の1つは、大変なお金の節約になることです。(レシピにオリーブオイルや玉子といった台所にある材料を用いる場合は特にそうです。)計算すると、手作りのバス、ボディ、ヘアケア用品にかかる費用の年間総額はおそらくブランド品のアンチエージング・クリーム1瓶分にもならないでしょう。

　しかし、手作り化粧品の見た目、触感、あるいは有効期限が、大理石のビューティサロンで購入する化粧品と同じだとは期待しないでください。本書に登場する化粧水やクリームなどのスキンケア用品やヘアケア用品は、植物成分の効力を最大限に活用するために、作ったらすぐに使用するか、場合によっては数週間から数ヶ月を消費期限とし、それを過ぎれば新たに作り直すことを前提としています。中には、小麦胚芽オイルやグレープフルーツシードエキスといった自然の保存料を特色としたレシピもありますが、たいていの市販化粧品のラベルに見られるような合成保存料の名前はどのレシピにもありません。(そういった保存料は市販の化粧品を3年間仮死状態で保存します。こうして保存料は、美を追求する女性たちを"守る"と同時に、色や手触りが変だという苦情からメーカーをも守る

はじめに

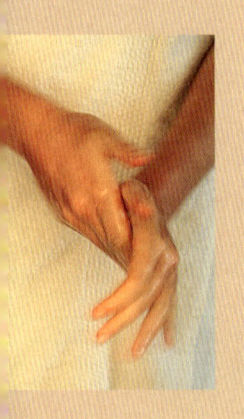

のです。) 新鮮な材料で化粧品を作れば、植物成分の効力をさらに最大限に活用することができるでしょう。

さて、どうして私はこの本を"究極の"ナチュラルビューティ・ブックと名づけたのでしょう？ それは、事実上、本書の全レシピおよび処方には、もし時間と空間（ウインドウボックスや裏庭でも）とその気があれば、実際に家庭で育てることができる材料が含まれているからです。自分のライフスタイルには難しすぎるとか、時間がかかる、あるいはそこまで手作りしなくてもと思われるなら、手っ取り早い方法があります。ハーブ、果物、野菜、その他の植物材料は、自然食料品店や通信販売、あるいはスーパーマーケットでも買うことができます。ただし、レシピによっては、蜜蝋やベースオイルをはじめ、ローションなどに魅惑的な香りを加えたいときのエッセンシャルオイルなど、その他の材料が必要になる場合もありますが、それは健康用品店で容易に入手できます。個人的には、入手可能なかぎりオーガニック材料を使用することをお勧めします。自分の肌にはできるだけ純粋なものをつけたい──私にとって、これは重要ポイントの1つです。だから、私は自宅裏庭のオーガニック菜園で本書に登場する植物材料のほとんどを栽培しています。

確かに、人生はきのこの詰め物も作れないほど短いかもしれません。（玄関テーブルの埃が払えないほど短いと言う人もいるでしょう）しかし、過去15年以上にわたって美容について学んだあらゆることを考え合わせると、化粧品を手作りする喜びを味わえないほど短いとは思えません。21世紀の賢い女性（そして男性）のみなさん、そこにすばらしい庭があります。さあ、探検して楽しみましょう……。

ジョゼフィーン・フェアリー

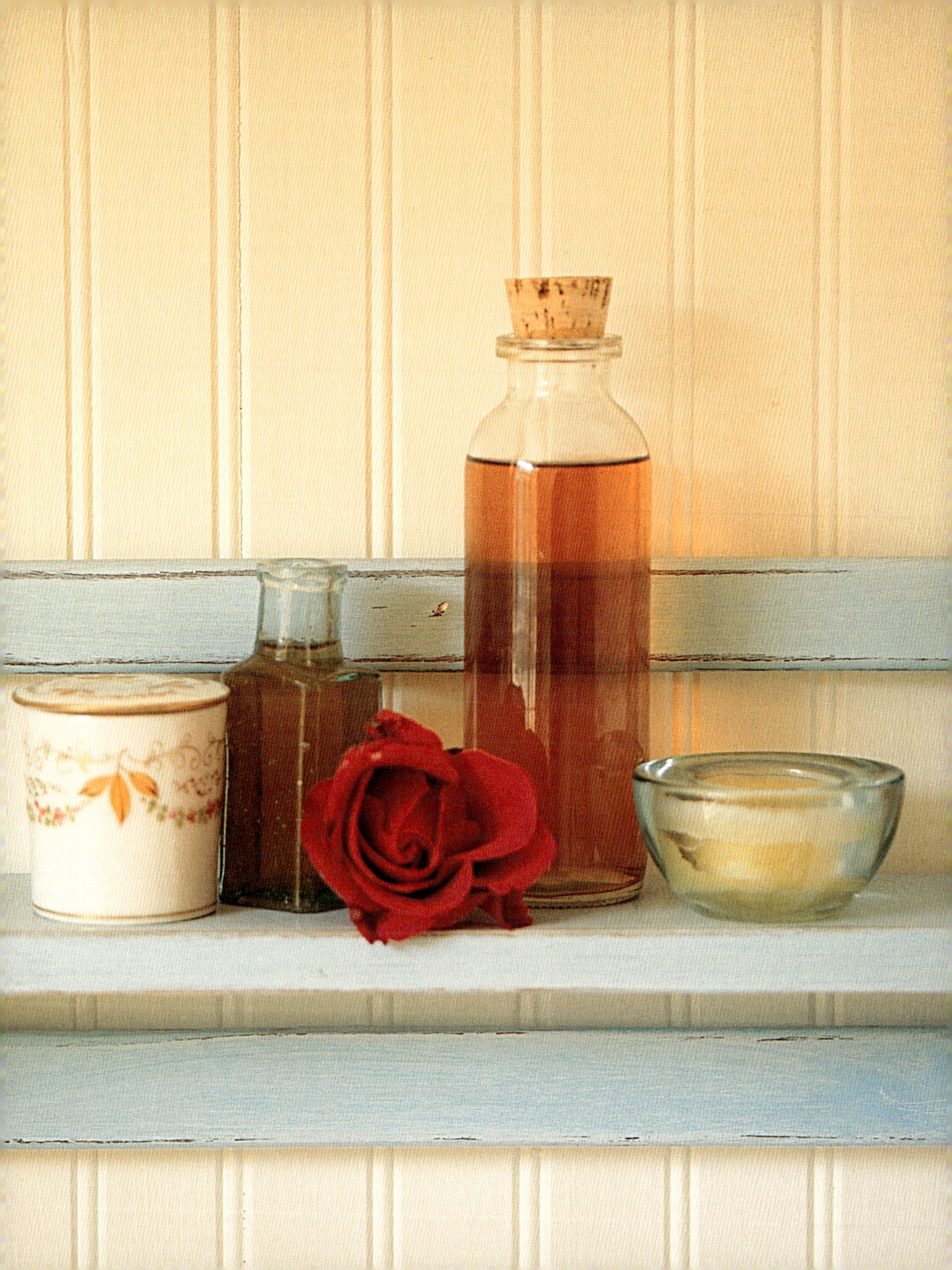

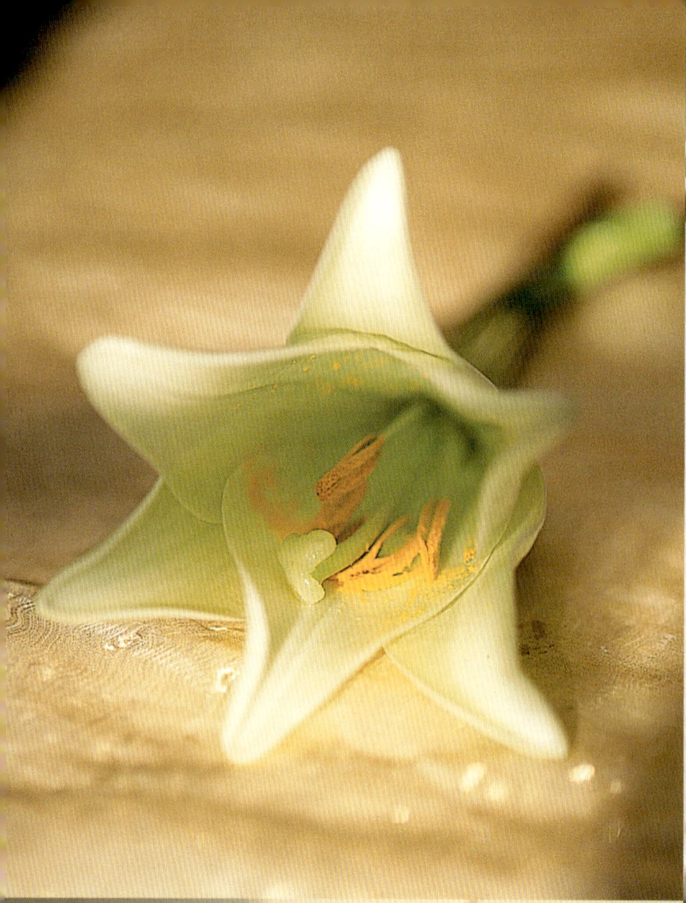
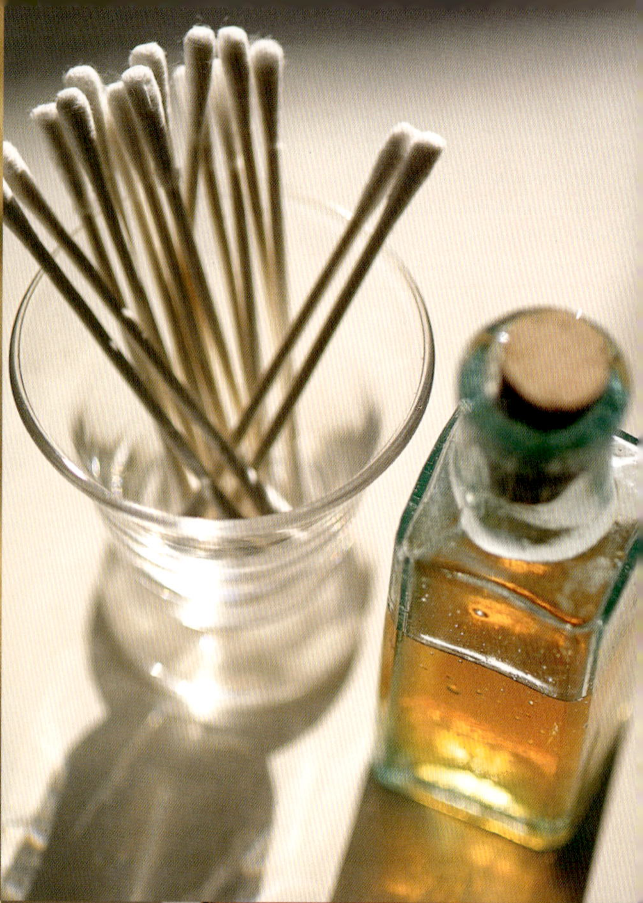
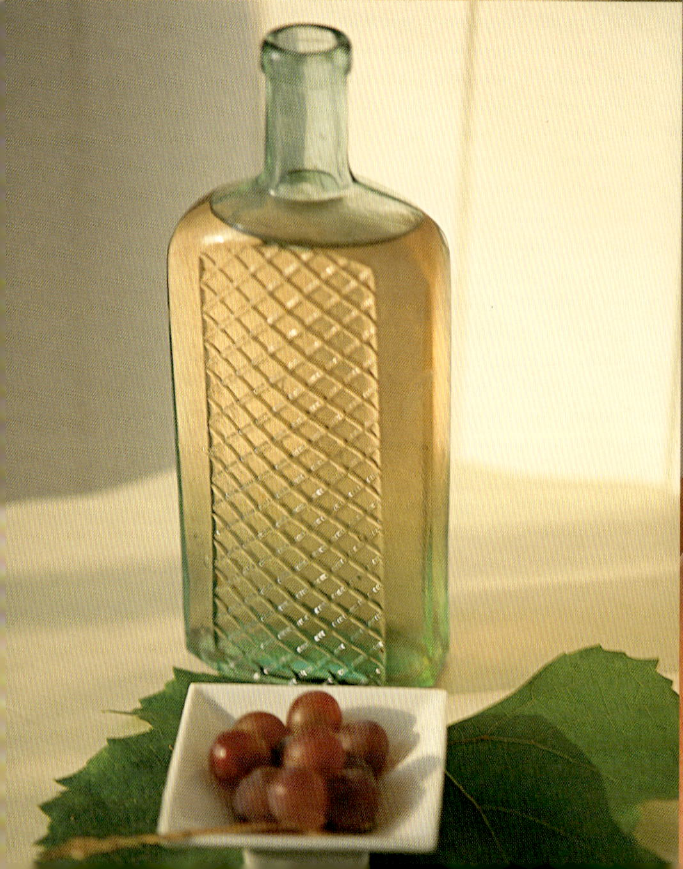
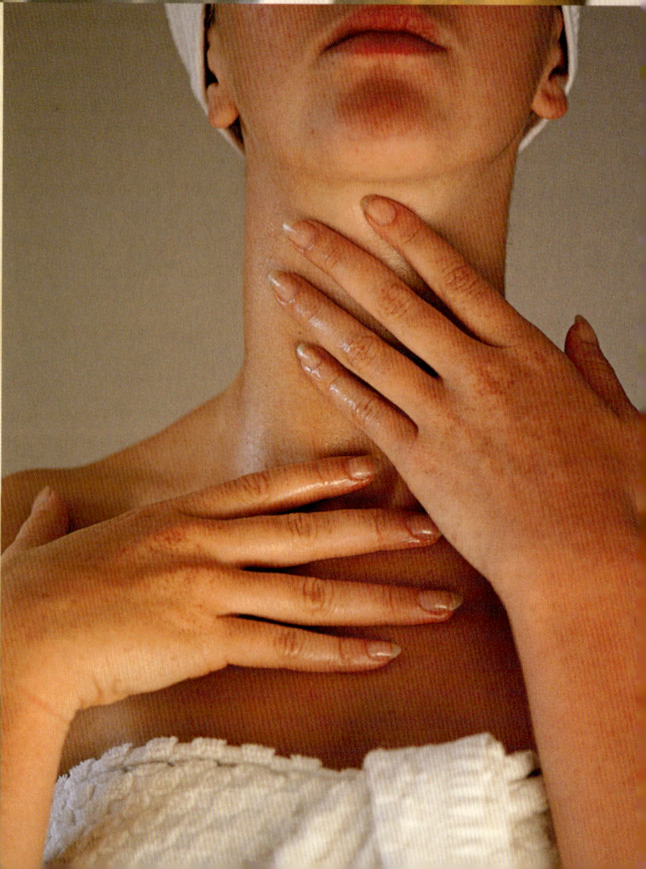

顔

　たいていの化粧品には合成物質がたっぷり含まれています。その合成物質の中には、健康に関してクエスチョンマークの付くものもあれば、多数報告される刺激反応に関連しているものもあります。(消息筋によると、私たちの63パーセントは敏感肌だと主張するそうです)しかし、日々のスキンケアに、自然はあらゆる答えを用意しています。皮膚の脂性や乾燥をコントロールし、時の流れに抵抗するのを助けます。また、自然は、吹き出物をただちに止めるだけでなく、疲れた肌を静めて顔色を美しくします。では、スキンケアの庭に足を踏み入れましょう……。

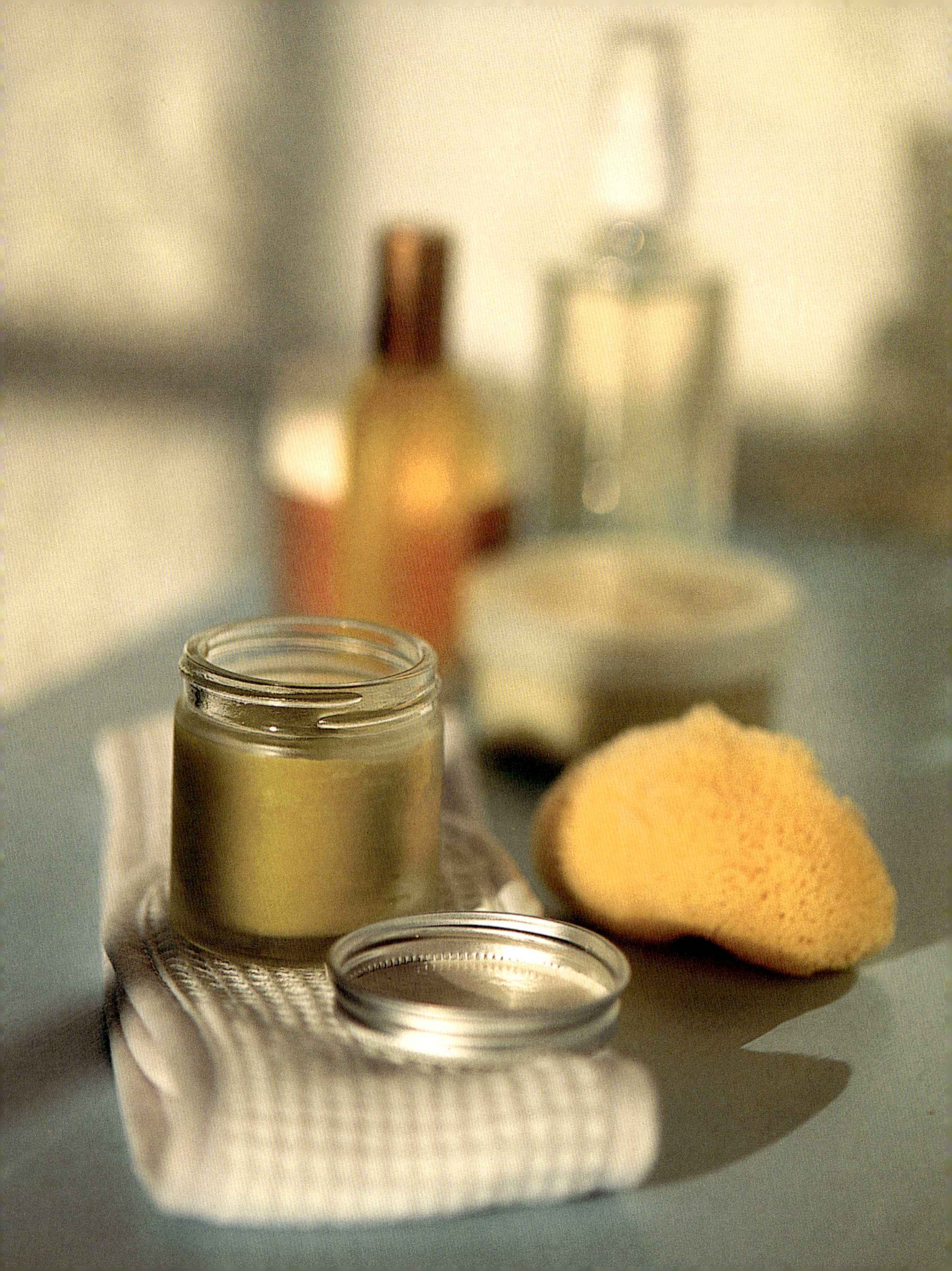

乾燥肌

ゼラニウム・クレンジングバーム

ゼラニウム
Pelargonium odoratissimum

化粧品がどんな香りがするかということは、使用する喜びに影響します。芳しい葉を持つゼラニウムは、化粧品を調合するにあたってとても貴重です。そのバラに似た芳香は、バスパウダー、バーム、クリームの使用を感覚的に幸せなものにしてくれます。ゼラニウムは不耐寒性の多年生植物で、冬期は窓辺か温室に置く必要があります。市販化粧品の製造過程では、ゼラニウムは蒸留され、葉をこすると発する揮発性オイル、ゲラニオールが抽出されます。

あなたはどのゼラニウムを選びますか？種類は非常に豊富です。従って、自分が最も魅力的だと感じる香りのものを選ぶのがよいでしょう。私のお気に入りは"バラの精 (Attar of Roses)"ですが、やはりバラに似た香りのある pelargonium graveolens も大好きです。私にとって、それは自宅裏庭の外の屋根つきポーチでその花を育てていた祖母の匂いなのです。葉は、オリーブオイル、ヒマワリ、グレープシード、アボカドなどのベースオイルに浸したり、ボディパウダーに加えて、そのバラに似た香りを利用します（p.107のレシピ参照）。また、ローズゼラニウム・エッセンシャルオイルはあらゆる種類のローションをはじめ化粧品に心地よい香りを添えるものとして、化粧品の手作りを試みる全女性のエッセンシャルオイル・リストに必須であると私は信じています。

これはびっくりするほどメークを溶かすクレンジング剤です。顔全体にのばしてマッサージし、熱い湯に浸したモスリンの洗面用タオルかフランネルの布で拭ってください。肌が完全にきれいになるまで繰り返しましょう。

エキストラバージン・オリーブオイル　75mℓ
顆粒またはおろした蜜蝋　10g
新鮮な香りのよいゼラニウムの葉　12枚
ゼラニウム・エッセンシャルオイル　10滴

オリーブオイルと蜜蝋を二重鍋の内側に入れ、溶けるまで温めます（p.153参照）。殺菌した耐熱ガラスの広口瓶（蓋かコルク栓のあるもの）の底に葉を敷き、オイルと蜜蝋が溶けたら、葉の上に注ぎます。密封し、3週間置き、混合液にゼラニウムの成分を浸出させます。それから、中身を全部二重鍋に入れ、再び温めます。それをキッチンペーパーかモスリンの布で漉して葉を取り除き、混合液がわずかに冷めたら、ゼラニウム・エッセンシャルオイルを10滴加えてかき混ぜ、殺菌した広口瓶に移します。

さらに乾燥肌が大好きなものに…
皮膚をやわらかくし水分を補給する植物やハーブがあります（カモミール、コンフリー、フェンネル、エルダーフラワー、マーシュマロウ、オレンジの花、バラ、スミレ……）。

助言
場合によっては、乾燥肌はビタミンBの欠乏が原因かもしれません。ヤギのミルク、玄米、ヒマワリの種、スプラウト、オート麦、酵母菌、ブラン、酵母エキスはすばらしいビタミンB源です。

手作りローズウォーター

　個人的に、私はトナー（化粧水）というものを信じていません。肌にきつすぎると思うからです。特に乾燥肌の場合、きついトナーによって必要な油分が落ちてしまいます。ただ、たいていの女性はクレンジング後の肌をさわやかなローションで拭き取る爽快感を好むでしょう。しかし、この"手作り"ローズウォーターは別です。はっきり言ってこれこそが乾燥肌が求めるトナーであり、フレッシュナーでしょう。純粋なローズウォーターを作るためには、蒸留する道具と、数時間が必要です。植物のオイルは蒸発して蒸気になり、やがて冷え、純粋なローズウォーターとなります。しかし、ガスコンロ上でもすばらしい"フェイク"ローズウォーターを簡単に作ることができます。

スプレーされていない、摘みたてのバラの花びら

　バラの花びらを二重鍋（p.153参照）の内側に半分まで満たします。濾過した雨水あるいはミネラルウォーターを花びらがかぶるまで注いでください。鍋に蓋をし、ごく弱火で1時間煮詰めます。鍋を火からおろし、液が冷めたら、花びらを手で握りつぶすようにして液を絞ります。使用済みの花びらは捨て、最初の液に新鮮な花びらを入れ、同じことを繰り返してください。再び冷めたら、液を漉して殺菌した瓶などの容器に入れます。出来上がりは少量ですが、バラの甘い香りが漂っているでしょう。保存期間は1～2週間、冷蔵庫内ならもう少し長持ちする程度なので、一度に少量を作れば十分です。

ローズ・モイスチュアライザー

　豊かな手触り、贅沢な香りの、申し分のない乾燥肌向け夜用モイスチュアライザー。お好みで、ローズ・エッセンシャルオイルはもちろん、乳香油（フランキンセンス・エッセンシャルオイル）を10滴加えてください。乳香はアンチエージング力でよく知られています。

新鮮な香りのよいバラの花びらをたっぷり2つかみ
スイートアーモンドオイル、あるいはエキストラバージン・オリーブオイル　50ml
顆粒あるいはおろした蜜蝋　5g
小麦胚芽オイル　小さじ1
ローズ・エッセンシャルオイル　15滴

　ガラスの広口瓶にバラの花びらを入れ、スイートアーモンドオイルを注ぎます。ふやかして成分を抽出するために瓶の中の花びらをスプーンで押しつぶし、密封します。これを毎日日光の当たる場所（南向きの窓辺なら完璧です）に置き、浸出を促します。3週間後、このバラの浸出オイルを漉してください。
　二重鍋の内側にスイートアーモンドオイルと蜜蝋を入れ、蜜蝋が溶けるまで加熱します。火からおろし、少し冷めたら、小麦胚芽オイルとローズ・エッセンシャルオイルを加えます。さらに1～2分冷ましてから、殺菌したガラスの広口瓶に注いでください。混合液はやがて固まりますが、触れたら乳化します。

助言

小麦胚芽は自然の保存料として働きます。これは冷蔵保存する必要はありません。もし小麦胚芽オイルが見つからなければ、自然食品店で入手できる小麦胚芽カプセルをあけ、小さじで分量をはかって使用してもいいでしょう。

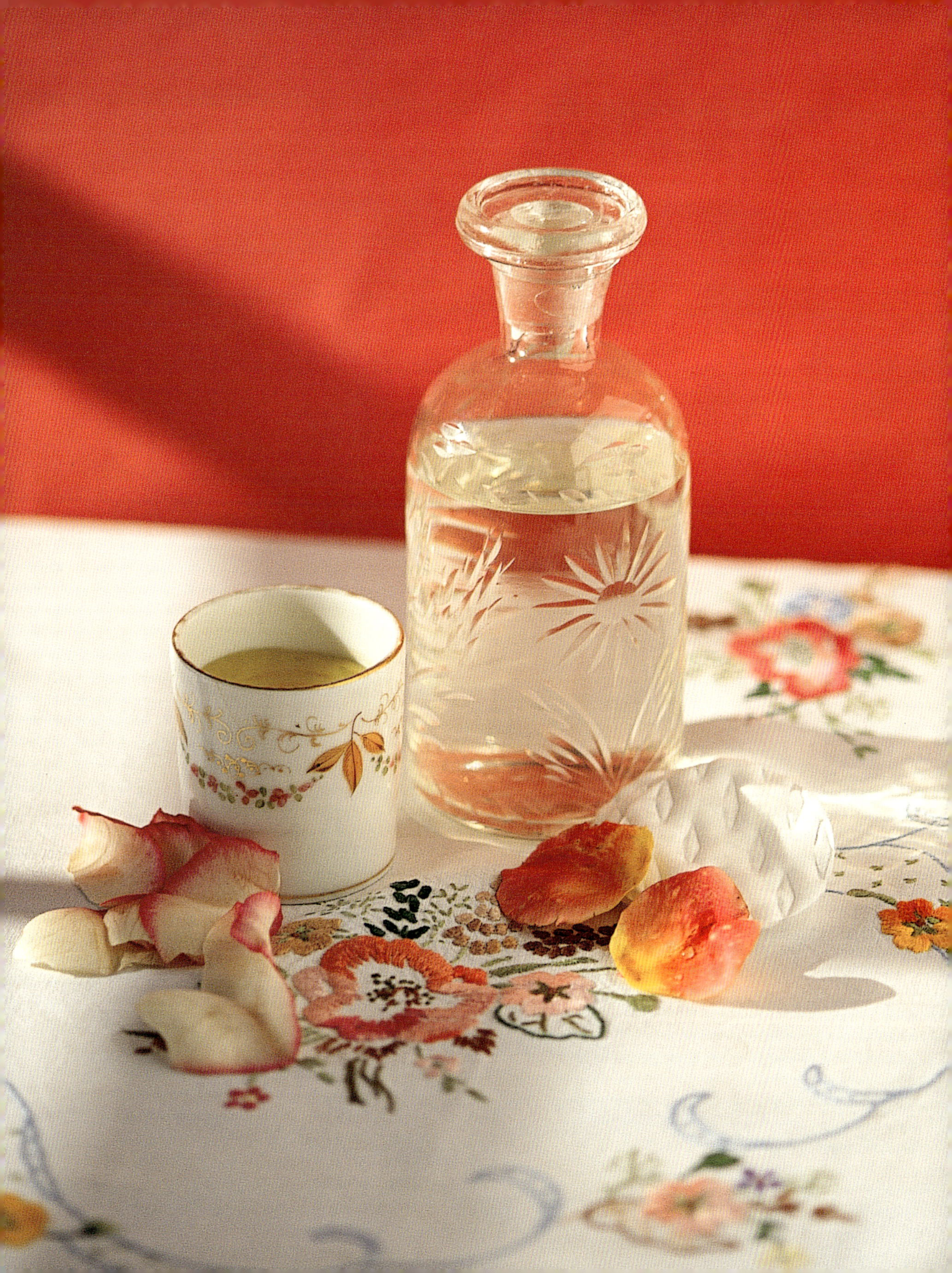

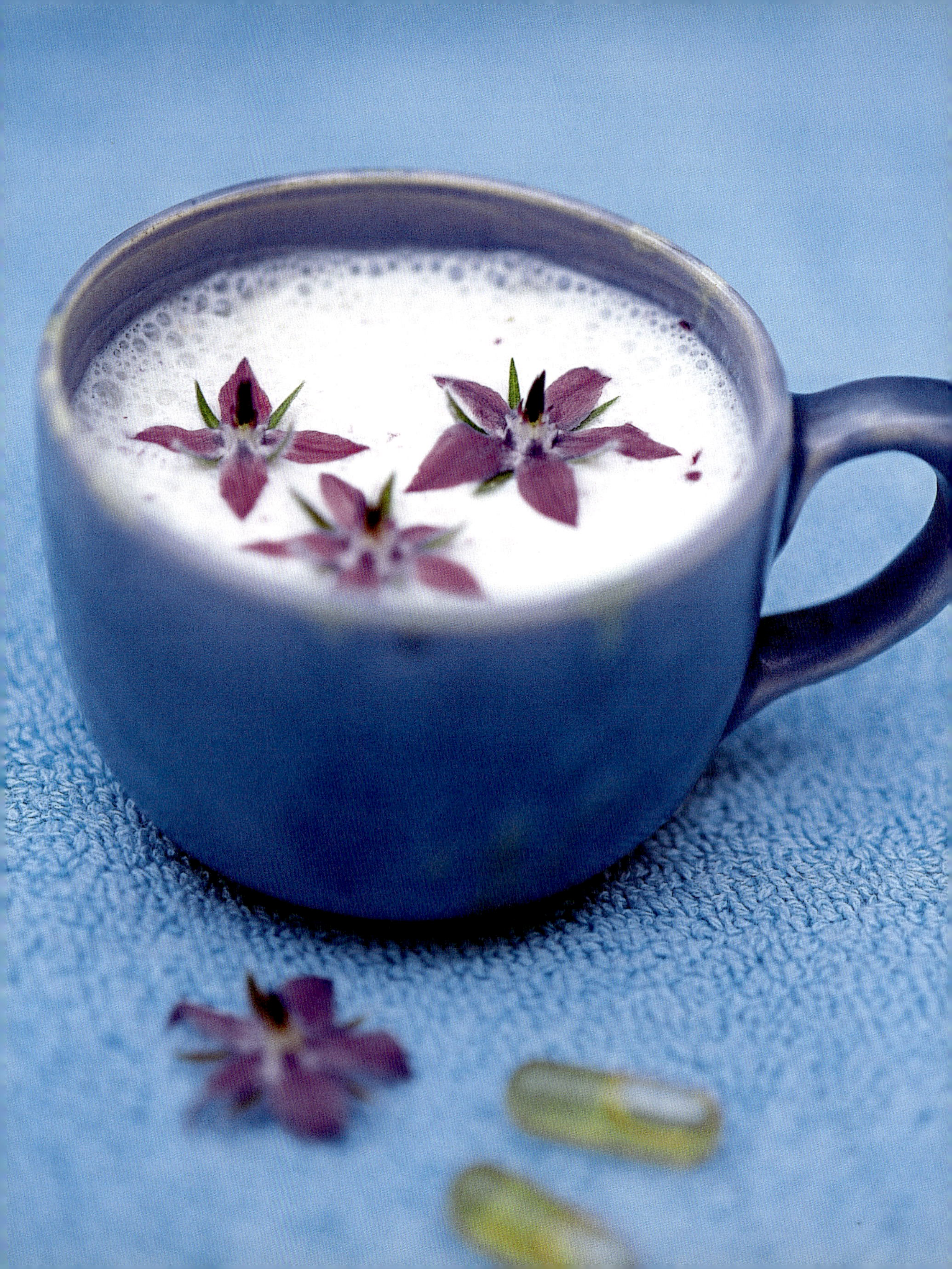

スターフラワー・パック

　この格別な驚異の化粧品の発見は、すべて夫のクレイグ・サムズのおかげです。これは私が常に変わらず気に入っているパックです。季節になると加えるボリジの花があでやかなラピスラズリブルーの色を添える様子、私の乾燥肌をやわらかく、"ぷるん"としてくれる過程が大好きです。

スターフラワー（ボリジ・フラワー）オイル　2カプセル
アロエのジェル　50g
プレーンヨーグルト　30ml
新鮮なボリジの花　10個（季節のみ）

　スターフラワー・オイルのカプセルを切り、オイルを絞り出してください。材料をすべて混ぜ合わせます（アロエのジェルは混ぜるのがとても難しいので、私は材料を混ぜるのに電動ハーブチョッパーを使います）。目や口まわりを避けて、顔と首に混合液をマッサージしながら塗りこみます。すると、実に驚くべき効果が現れます。15分もすると、肌がパックの大部分を吸い込み、ぷるんとはりが出て、若返ったように見えるのです。ぬるま湯でよくすすぎ、軽くたたくようにして乾かしてからいつものように潤いを与えてください。

肌をやわらかくするアプリコット・パック

　このパックは非常に簡単です。さらに滋養分が豊富です。

新鮮なアプリコット　2個
アボカドオイル　小さじ1

　アプリコットはむきやすいように沸騰した湯に1分間浸し、皮を取ります。スライスして仁を取り除き、オイルをたらしながら果肉をつぶしてなめらかにしてください。目や口まわりを避けて、顔全体に塗り、20分間リラックスし、肌をやわらかくする成分が働くのを待ちます。後は、ぬるま湯でよくすすぎ、押さえるように乾かしてからいつものように潤いを与えてください。

ボリジ
Borago officinalis

　この美しい、青い花をつける日光を好む植物は、実によく繁殖します。いったん庭に植えれば、そこらじゅうに広がり、私の経験では、かわいらしい思いがけない庭ができます。ボリジにはまた、花期が盛夏の3ヵ月という利点があります。この植物名は、葉や茎がけばだっていることから、毛の衣服というラテン語burraに由来します。しかし、その外見とは裏腹に、ボリジの汁は肌荒れや炎症を和らげます。葉は浸剤やお茶にされ（p.153参照）、目の洗浄に用いられます。また、花は豪華でおしゃれなサラダになりますが、単なる飾りではありません。伝説的なハーバリスト、ジェラルドによると、これを食べれば、"気持ちが引き立ち、楽しい気分になる"そうです。

助言

パックを完全に取り除くには、清潔なモスリンのタオルかフランネルの布で拭うのがベストです。今にもはがれようとしている古い角質と一緒にパックの残余を完全に取り除き、肌を美しく輝かせます。

普通肌

アロエ・クレンザー

　これは、美女の誉れ高いエジプトの女王クレオパトラが顔のクレンジング剤として使用していたと伝えられているものに大変近いクレンザーです。(あの有名なアイライナーも落としていたのです!)アロエの葉をむくか、あるいは自然食品店でアロエのジェルを購入してください。

アロエのジェル　30㎖
オリーブオイル　50㎖
ローズウォーター　30㎖
ローズ・エッセンシャルオイル　4滴
グレープフルーツシード・エキス　2滴

　材料全部をフード・プロセッサーでブレンドし、そっと小瓶に移し、冷蔵庫に保管します。成分が分離しているかもしれませんので、使用前はよく振りましょう。顔と首にマッサージしながら塗りこみ、モスリンのタオル(私のお気に入り)か水で落としてください。

タンポポのスキントニック

　これは普通肌をしゃきっとさせるために毎日使用する化粧水で、クレンジング剤の残余を取り除くのに使用してもいいでしょう。

タンポポの葉　たっぷり1つかみ
新鮮なタイムの葉(お好みで花も)　大さじ山盛り2、
　あるいは乾燥葉　大さじ1
濾過した雨水あるいはミネラルウォーターの熱湯　300㎖
ウィッチヘイゼル　大さじ1
グレープフルーツシード・エキス　2滴

　お茶をいれるときのように、沸騰した湯にタンポポの葉とタイムを浸してください(p.153参照)。そのまま20分間冷まします。漉し器で漉し、ウィッチヘイゼルを加えます。最後に、グレープフルーツシード・エキス2滴を垂らし、よく振ってください。

アロエ
Aloe barbadensis

　キッチンの窓辺にアロエを置きましょう。アフリカ原産のこの古来の植物は、聖書にも登場し、古代エジプトの墓にも描かれています。強そうに見える葉を切ると、驚くほど簡単に、中のやわらかくつややかな、ひんやりしたジェル状の液が現れます。これは火や熱湯によるやけどや日焼けを和らげるのに大変よく効きます。50年前、エックス線によるやけどを負った顔面を生のアロエジェルで治療した患者の回復が驚くほど早く、傷も残らなかったことがわかりました。もちろん、重症の場合は必ず救急外来に行くべきです。最近の研究では、アロエは皮膚細胞の成長を高め、加速することがわかっています。

　アロエのヒーリング・パワーを利用するには、葉を5cm切り取り、半分にスライスして切断面を患部に当ててください。ジェルが乾けば、保護し治療する膜が皮膚を覆ったことになります。または、単にアロエの皮をむいて皮膚に塗ってもいいでしょう。ただし、外皮の緑や茶色の液は使用を避けてください。この部分は炎症を引き起こすことがあります。手作りクリームやローションでは、アロエはトラブルのある肌を鎮めるジェルとして働きます。

　私の経験では、アロエは放っておけば育つようです。水のやりすぎは致命的です。また、傷みやすいため、寒い時期は室内に入れてください。家にアロエがない場合、アロエのジェルや液は健康食品店で入手できます。ただし、自分で育てている植物のジェルほどジェルらしくはありません。アロエは外側の葉から摘み取ってください。外側ほど成熟した葉であり、ジェルをたくさん含んでいます。アロエは内側から外側へと広がります。

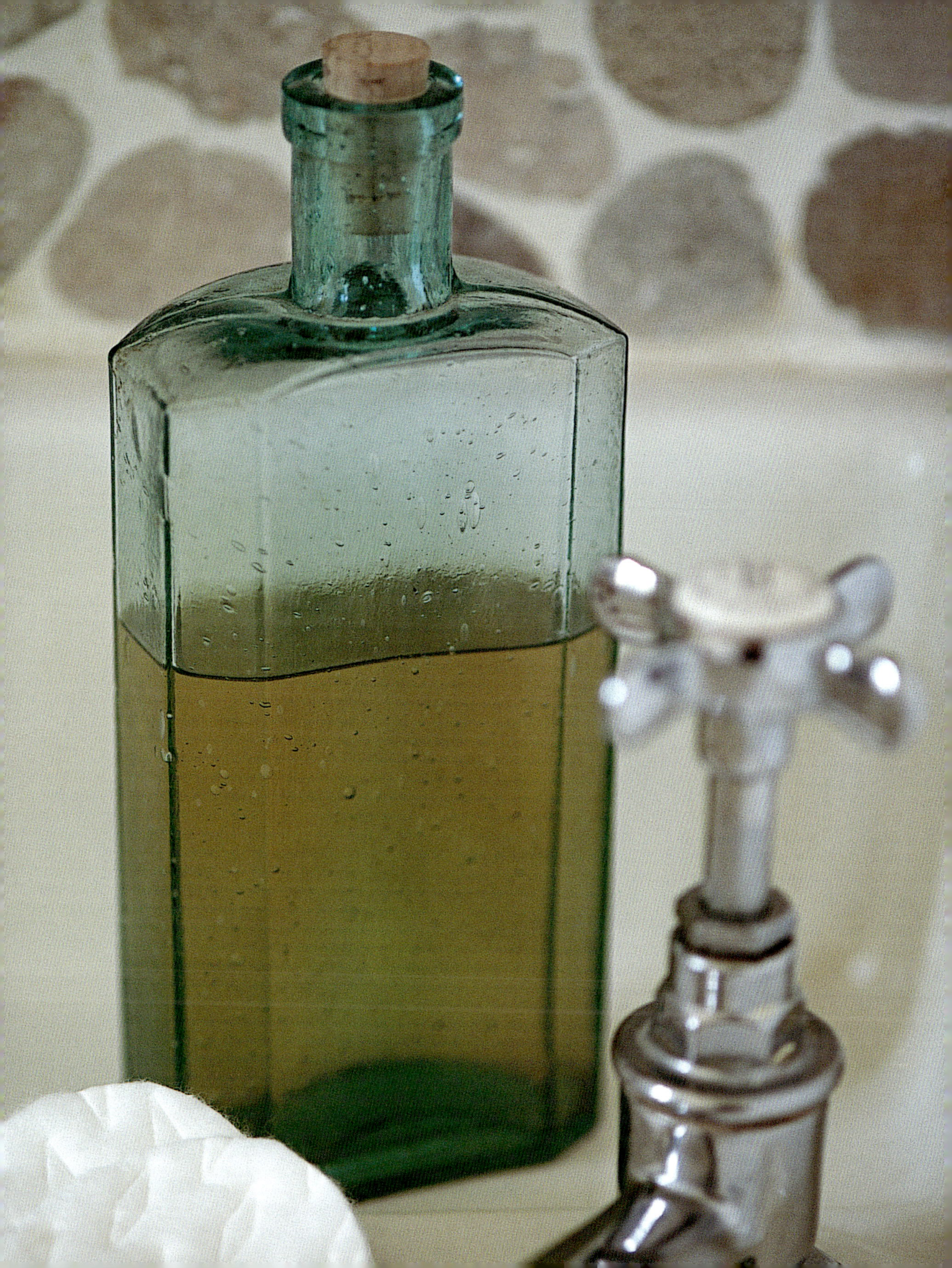

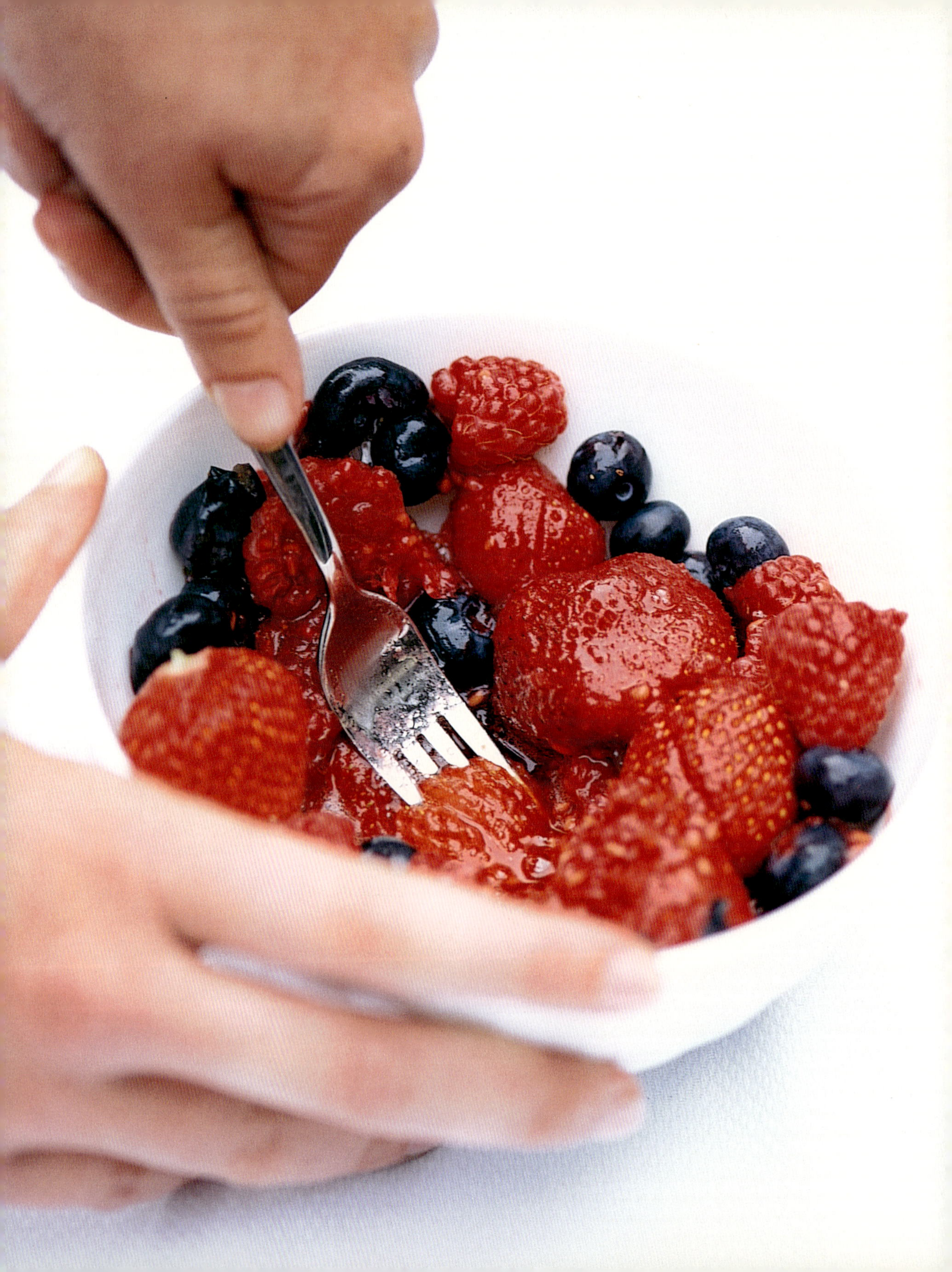

普通肌

フルーツ・パック

新鮮なフルーツのフルーツ酸は、たちまち肌を輝かせます。手近にある香りのよい新鮮なやわらかいフルーツなら何でも使用してください。

細かく挽いた挽き割りオートムギ　25g
細かく挽いたアーモンド　25g
やわらかいフルーツあるいは野菜
　（イチゴ、ラズベリー、アプリコット、桃、プラム、
　ブルーベリー、キュウリ、レタス、トマト）
　をカットして潰したもの　50g
濾過した雨水あるいはミネラルウォーター

　乾燥材料をボールに入れ、よくかき回します。そこへ、カットしてつぶしたフルーツや野菜を加え、よく混ぜ合わせてください。やわらかいペースト状になるように、水を加えてかき混ぜます（ゆるすぎないように）。できた混合液は、目や口に入らないよう気をつけて顔に広げ、マッサージしてください。10〜15分間リラックスしたら、ぬるま湯でよくすすぎ、軽くたたくように乾かし、いつものように潤いを与えてください。

普通肌は…

ほとんど何でも好みます！　ですから、もし普通肌に恵まれているなら、幸運だと思ってください。しかし、夏は、肌が脂っぽくなったり、冬は暖房や厳しい天候のために乾燥するかもしれません。ですから、乾燥肌や脂性肌の項目もご覧ください。レシピを試し、肌がどんな反応をするか見てみましょう。

レタスのフェイスパック

　レタスには驚くほど肌をやわらかくする効果があります。これは本当に楽しい、浮き浮きするようなパックです。このパックをしているときは玄関ベルが鳴っても出たくないことでしょう！　カルペパーの言葉、レタスの汁は"バラのオイルと混ぜたり、ボイルして額やこめかみに当てれば……眠りを手に入れる……"といったことを考えながら、リラックスしてください。

洗ったレタスの葉
　（どんな種類でもかまいません。
　リトルジェムなら完璧です）　8枚
ミルク　300ml

　洗ったレタスの葉をミルクに3分間浸します。形をとどめたいので、かき混ぜないでください。液を漉して、取っておきます。あらかじめ洗った顔に葉を広げ、そのまま20分間リラックスしてください。葉を取り除き、最後に、取っておいたミルクに浸したコットンを肌にはたきましょう。あとは、軽くたたくように乾かし、いつものように潤いを与えてください。

助言

イチゴは血色の悪い脂性肌にも大変効果的です。イチゴの葉の薬湯や浸出液（p.153参照）は過剰に働く皮脂腺を落ち着かせるフレッシュナーとして利用できます。

25

脂性肌

ミルクとキュウリと
ミントのクレンザー

　このクレンザーは実にひんやりと肌を癒します。ミルクは軽く水和し、脂性肌が必要とする水分の薄膜を作ってくれます。

キュウリ　10cm
ミントの葉　5枚
ミルク　50mℓ
グレープフルーツシード・エキス　2滴（あるいは、安息香チンキ4滴）

　キュウリは皮をむき、粗くカットします。ミントの葉は茎を取り除き、粗く刻みます。キュウリとミントをミルクとともにミキサーかフードプロセッサーに入れ、なめらかになるまで回します。その混合液を鍋に入れ、煮えるまで中火にかけてください。さらに2分間煮て、冷まします。それをモスリンの布（あるいはキッチンペーパー）で漉してください。液は殺菌した瓶に入れ、グレープフルーツシード・エキスを加えます。このクレンザーは冷蔵庫に保管し、1週間以内に使いましょう。

　エッセンシャルオイルの中には、妊娠女性が避けなければならないものがあり、ペパーミント・オイルはその1つです。妊娠期間の最初の3ヵ月、またホメオパシー療法を受けている場合は、使用を完全に避けてください。

ミント
Mentha piperata

　ペパーミントは刺激性の植物で、穏やかな抗菌性と防腐性を誇っています。トラブルのある肌や、吹き出物の出やすい脂性肌には申し分ないハーブです。ペパーミントは皮膚表面に細菌が広がるのを抑えるのに役立ちます。また、皮膚を（可能なかぎり）しゃきっとさせ、心身をリフレッシュし、元気づけてくれます。生のペパーミント、乾燥ペパーミント、ペパーミント・エッセンシャルオイルはすべて、化粧品作りに利用することができます。足の疲労の応急処置としては、冷たい水を入れた洗面器にペパーミントを2、3滴垂らし、10分間足を浸せば、すぐにまたさっそうと歩くことができるでしょう。

　ミントを育てるのはとても簡単です。ミントはいったん花壇に植えれば、周囲を駆逐しながら好き勝手にどんどん広がっていきます。ですから、植木鉢や亜鉛のプランターやバケツで育ててください。また、ミントは水をよく吸います。しばしば水をやり、定期的に摘み取ってください。個人的には（常にカフェインをやめようと心がける者として）、若枝を少し摘み取って熱湯を注いで浸し、リフレッシュ効果の高い頭のすっきりする飲み物にして、紅茶やコーヒーの代わりに飲むのを気に入っています。ただし、あまりに目が冴えすぎると気づいたため、午後6時以降は飲みません。

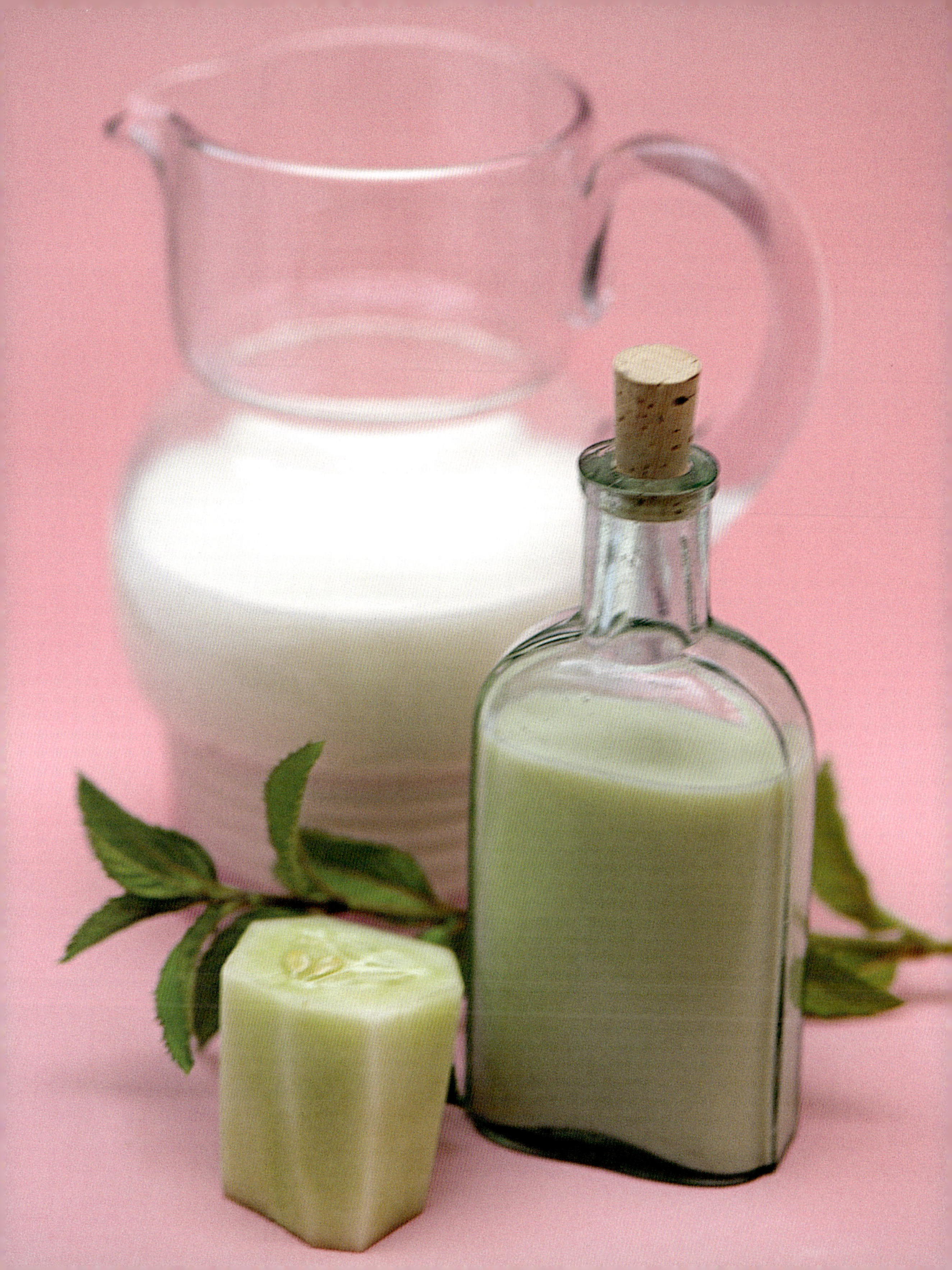

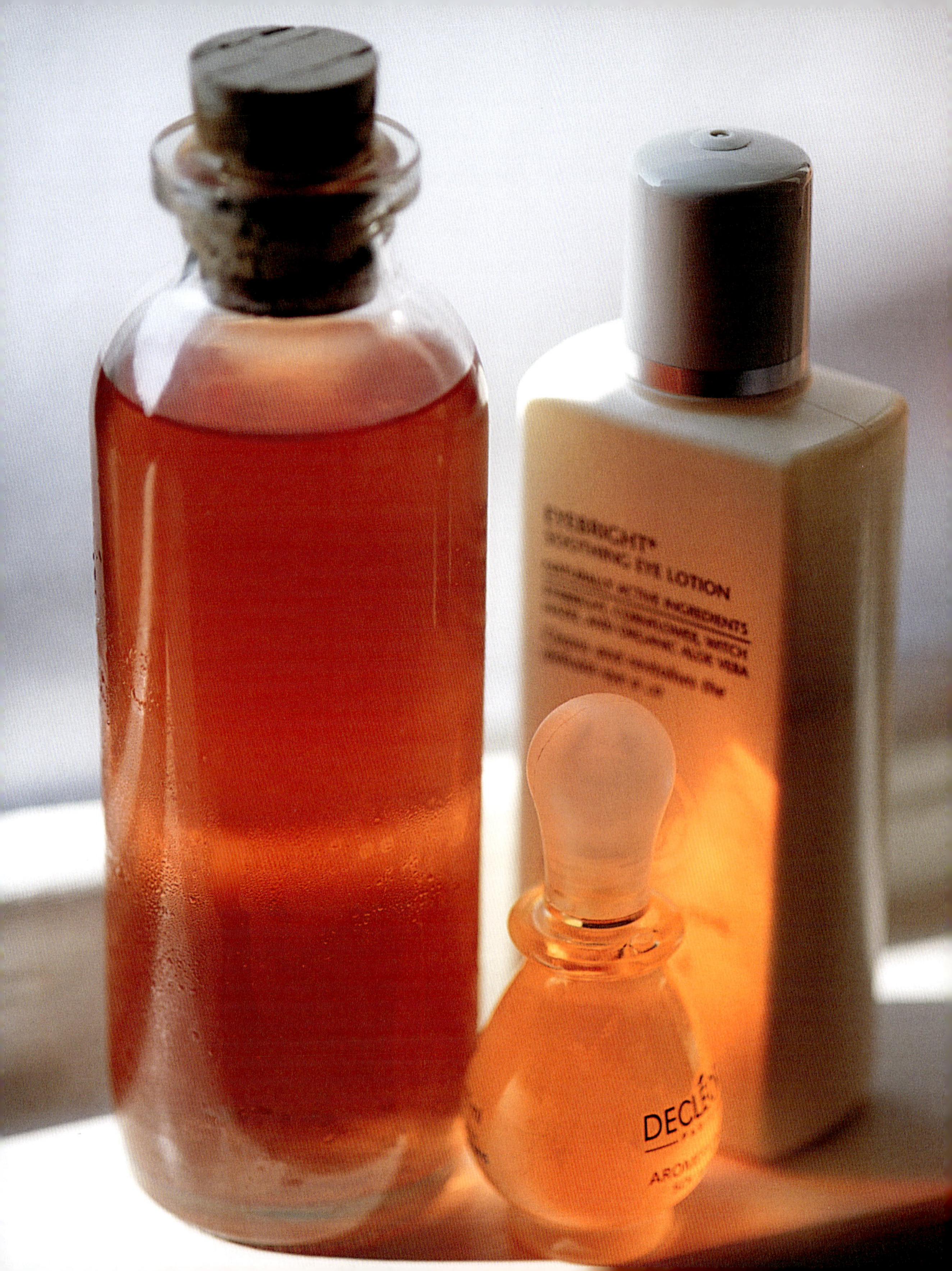
LOTION

脂性肌

ラベンダーのスキントニック

ラベンダー
Lavandula officinalis, or
L. angustifolia

ラベンダーという名前は、"洗う"という意味のラテン語lavareに由来しているのかもしれません。というのは、古代ローマ人はこのハーブの香りと薬効を高く評価していました。確かに、ラベンダーは今日でもバス用品に最も広く利用されている香りの一つです（ただし、プロヴァンス原産の香りと書かれていても、自然の植物を蒸留したものではなく合成香料であることがしばしばです）。乾燥させたり、浸してローションや花水やトニックにしたりして使用するラベンダーは、防腐性と調子を整える性質があり、脂性肌や吹き出物の出やすい肌には理想的です。また、ラベンダー・エッセンシャルオイルは直接肌につけることのできる唯一のエッセンシャルオイルでしょう。私はキッチンに置き、ちょっとしたやけどをしたらすぐにつけます。すると、実に驚くべき効果があります。

庭では、ラベンダーは霜に弱いかもしれませんが、一般に、乾燥した強い日差しの降り注ぐ環境には非常に適しています。しかし、水をやりすぎるとひねますし、花が終わった後すぐに刈り込まなければ木のように伸びてしまいます。（枝や茎はせいぜい20cmか、若いものなら15cmに刈り込んでください。）ラベンダーの種類は多数あり、花も淡い藤色から濃いブルーまで様々です。最も気に入ったものを選び、鉢植えから長い生垣まで自由に育て、花の満開時に採取してください。化粧品にするだけでなく、ラベンダーの匂い袋を作ったり（リネン棚に最適です）、夏が訪れるたびに陶磁器の皿に盛り、家中に飾ってもいいでしょう。

ラベンダーは皮脂の生成を"正常にする"のを助けます。皮脂が過剰になると、発疹となって現れます。理想を言えば、このトニックは、その魅力の一部であるピンク色を保つため、冷蔵庫に保管してください。そうしない場合、色は日差しを浴びて"色あせて"いくでしょう。

ラベンダーの花（生花でもドライでもよい）　2つかみ
リンゴ酢　225mℓ
ローズウォーター　700mℓ

　ネジ蓋つきの広口瓶の底にラベンダーの花を入れ、リンゴ酢とローズウォーターを加えます。よく振ってから、冷蔵庫に入れてください。1、2週間、ラベンダーを液に浸したまま置き、その間毎日1回、広口瓶を振ってください。トニックはびっくりするほどローズ色に変わります。その液を漉し、美しい瓶に移します。コットンにその液を浸し、クレンジング剤の残余を取り除くのに使用してください。2、3週間ごとに新しく作りましょう。

　肌がラベンダーに過敏に反応するという人もいますが、たいていの場合、ラベンダーはその癒し効果に関する評判を裏切りません。いつものように、まずパッチテストを行ってください（p.145参照）。

脂性肌

吸収の速いセージとヤロウの モイスチュアライザー

　安息香のチンキとグレープフルーツシード・エキスは自然の保存料として働き、冷蔵庫に入れなくても、この軽い使い心地の吸収の速いモイスチュアライザーを1、2ヵ月もたせることができます。

刻んだ新鮮なヤロウの花　大さじ1、あるいは乾燥したヤロウの花
　小さじ2
刻んだ新鮮なセージの葉　大さじ1、あるいは乾燥したセージの葉
　小さじ2
濾過した雨水あるいはミネラルウォーター125㎖
ローズウォーター　125㎖
グリセリン　大さじ2
ウィッチヘイゼル　大さじ1
安息香チンキ　10滴
グレープフルーツシード・エキス　2滴

　鍋にハーブと水（ローズウォーターではありません）を入れて沸騰させ、煎じ液を作ります（p.153参照）。蓋をして、15分間とろとろ煮てください。冷めたら、液を漉して殺菌した瓶に入れてください。それにローズウォーター、グリセリン、ウィッチヘーゼル、安息香チンキ、グレープフルーツシード・エキスを加えます。

助言

薬局で購入できる市販のローズウォーターは、バラを蒸留したものではなく合成香料を用いて作られていることがしばしばです。ハーブやアロマセラピー専門店で信頼できるものを購入してください。

ヤロウ
Achillea millefolium

　ヤロウは、皮膚の炎症を抑え、古くなった細胞を取り除き、皮脂の生成を遅らせ、毛穴が閉じるのを助ける成分が豊富で、特に脂性肌や問題のある皮膚に驚くべき効果をもたらします。シンプルなヤロー・ティーはふけの撃退にも役立ちます。繊細な羽根のようなグレーの葉と小さな白やピンクの花がいくつも集まった華やかな傘のような花は、"兵士の傷薬"としても知られ、陽の当たる花壇で実に美しく見え、乾ききった夏でも素直に花を咲かせます。本書を執筆中、私も家の近くの土手に生えているヤロウを採集しました。ですから、常に木立ちや藪に目を向けてください。ただし、1つ注意があります。この芳香性の植物を長期的に使用すると、ごくまれに光線過敏症につながることがあります。従って、太陽の下に出るときはそれを心に留め、予防のため、SPF15の亜鉛あるいはチタンベースの日焼け止めをつけるようにしてください。これはすべての肌タイプに当てはまります。

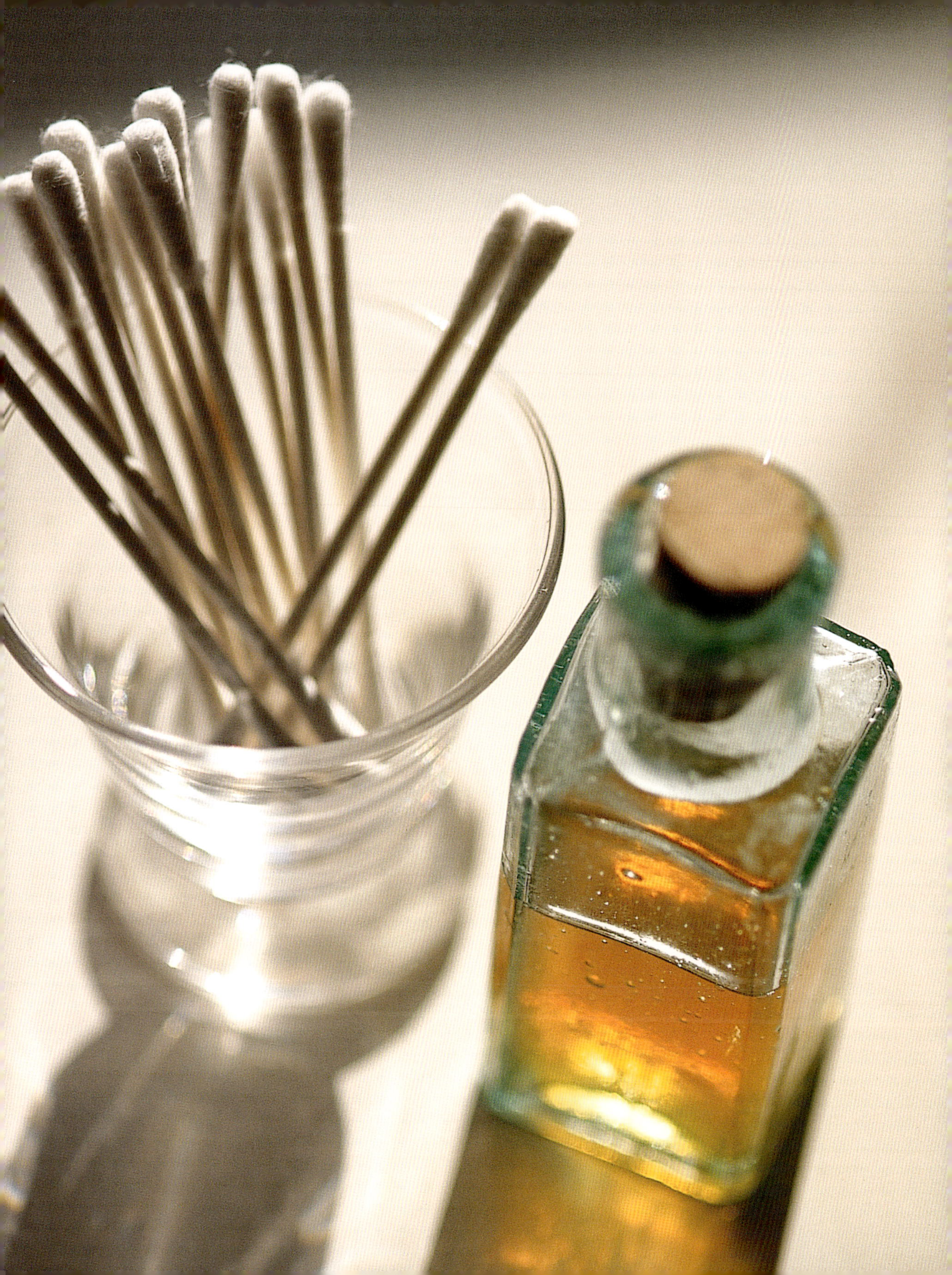

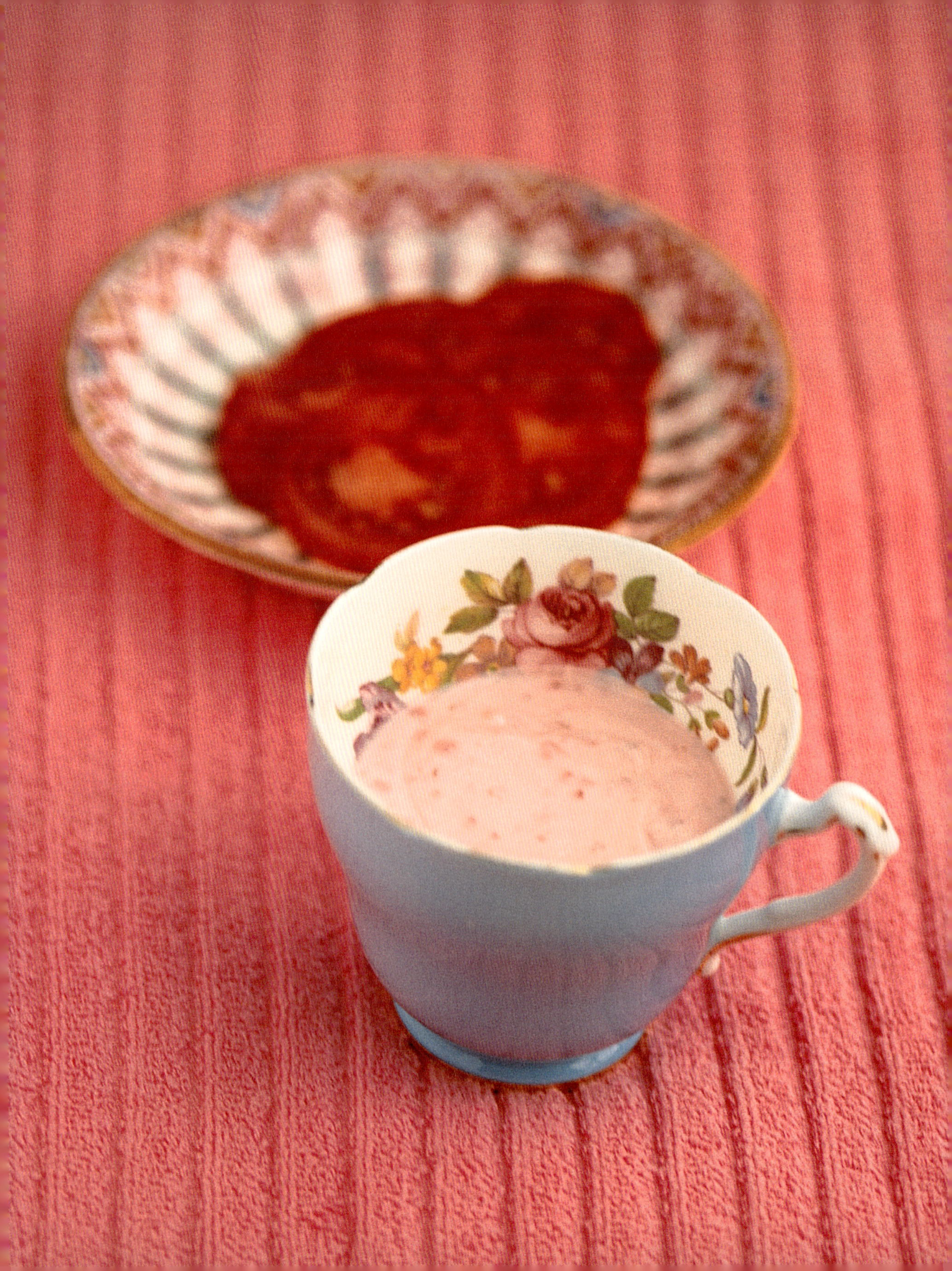

脂性肌

トマトのフェイスパック

トマトのフルーツ酸は頭部が黒くなったにきびの除去にすばらしい効果があります。また、ゆっくりと皮膚表面の細胞をはがすことで、くすんだ肌を明るくします。これはきわめて簡単です。

熟したトマト1個

トマトを厚くスライスします。鼻回りもカバーできるよう、角切りや薄切りも加えてください。横になり、顔にトマトのスライスを広げます。10～15分間そのままにしてください。ぬるま湯ですすぎ、軽くたたくように乾かします。しかし、毛穴を再びふさぐことになりますので、鼻筋（およびその他の疾患のある部分）にはモイスチュアライザーはつけないでください。

ミントとパパイヤの美顔トリートメント

これは、トマト・パック同様詰まった毛穴を開くのを助けます。このトリートメントの最も魅力的な点は、パパイヤを食べることから始まることです。

パパイヤ　1個
新鮮なペパーミントの葉　一つかみ、
　あるいは乾燥ペパーミント　大さじ2
ペパーミント・エッセンシャルオイル　2滴

パパイヤを2等分し、種と果肉をすくい取り、皮を取っておきます。大きな耐熱性のボウルにペパーミントを入れ、熱湯を注ぎます。頭からかぶるようにタオルをたらし、ボウルに顔を近づけ、数分間顔に蒸気をあててください。それから、パパイヤの皮の内側で肌をこすって洗いながら古い皮膚細胞を落としましょう。また、食べた果肉のビタミンAとCは肌を整えてくれます。

肌を明るくするラズベリー・パック

ラズベリーは皮膚を緩やかに剥離させるのに役立ちます。ヨーグルトの乳酸には肌を明るくする効果があります。

プレーンヨーグルト　大さじ2
ラズベリー　75g
スイートオレンジ・エッセンシャルオイル　3滴

ラズベリーはフードプロセッサーにかけてどろどろにし、それを漉して果肉と種を取っておきます。（お好みで、ジュースはお飲みください。おいしいです！）　果肉と種をヨーグルトに加え、よく混ぜ合わせ、そこへエッセンシャルオイルをたらし、再びよくかき混ぜてください。目や口部分を避け、洗った顔に塗りましょう。15分間そのまま置き、ぬるま湯に浸したモスリンのタオルで拭い、よくすすいで軽くたたくように乾かしてください。

さらに脂性肌は…

ネットル、サザンウッド、タイム、ローズマリー、挽き割りオートムギ、クレソンなど、刺激性および防腐性のハーブをとても好みます。

助言

吹き出物が出がちな肌のためにパックをもう一つ。玉子の白身1個分、ゆるい蜂蜜小さじ1、オートムギ大さじ1～2をホイップし、顔に広げられる濃度のペーストを作ります。これは肌を洗浄し、にきびを緩和するのを助けます。15分間そのまま置き、ぬるま湯に浸したモスリンのタオルで取り除き、よくすすいでから、軽くたたくように乾かしてください。

敏感肌

肌に優しいマリーゴールド・クレンジング

マリーゴールド（カレンデュラ）は繊細で敏感な肌を最も癒し、なだめてくれる植物の1つです。これはメーク落しとして夜のクレンジングに利用してください。

マリーゴールド（カレンデュラ）の花　6つ、
　　あるいは乾燥マリーゴールド20g
ココアバター　10g
顆粒の蜜蝋　20g
スイートアーモンド・オイル、
　　あるいはエキストラバージン・オリーブオイル100ml

マリーゴールドの花部から花びらを全部取り除き、二重鍋に入れます（p.153参照）。他の材料を加え、そっとかき混ぜながら材料が溶けるまで弱火で加熱します。約5分間熱してから、他のボウルに漉しながら移し、混合液がまだゆるい状態で少し温度が冷めるまでかき混ぜてください。殺菌した広口瓶に移し、混合液が完全に冷めたら密封します。6ヵ月以内に使用しましょう。

敏感肌に関するこの項のレシピは肌に非常に優しく、過敏肌ともいえる私の肌でも何ら問題はありませんが、新しいスキンケアは一度に全部取り入れるべきではありません。まずは、この項にあるクレンジング剤やモイスチュアライザーから始め、2、3週間肌をなじませてから、次のスキンケアを取り入れてください。

マリーゴールド
Calendula officinalis

あでやかなオレンジ色の花。育てるのはあっけないほど簡単です。線路沿いや空き地でも繁殖し、ほうっておいても種を撒き散らして広がります。自然の中でも最も治癒力のある、皮膚を落ち着かせる植物の一つです。とても肌に優しいので、乳幼児のスキンケアにも使えます。これ以上、どんな質問があるでしょう？

マリーゴールドはベータカロチン、抗酸化物質、サリチル酸が豊富です。特に、手はマリーゴールドによるTLC（薄層クロマトグラフィー）に反応します。私は湿疹が出たとき（化粧品会社が発売した驚異のクリームを使用したことが原因である場合がほとんど）、カレンデュラ軟膏が最も早く肌をもとの状態に落ち着けてくれると気づきました。ただし、まれに逆の反応が出ることが報告されていることを付け加えておきましょう。必ずパッチテストを行ってください。

この植物を、花壇向けにのみ使用できる多数の"マリーゴールド"と混同しないでください。種や苗を買うときは、カレンデュラという名称を確認してください。16世紀のヨーロッパで行われていたように、ブロンドの人は、マリーゴールドを使って髪に金色の色合いを加えることができます。ウェールズの主席司祭ウィリアム・ターナーは『新本草書』に"中には、神が授けた自然の色に満足できず、このハーブの花を使って髪を黄色にする女性がいる"と記しています。

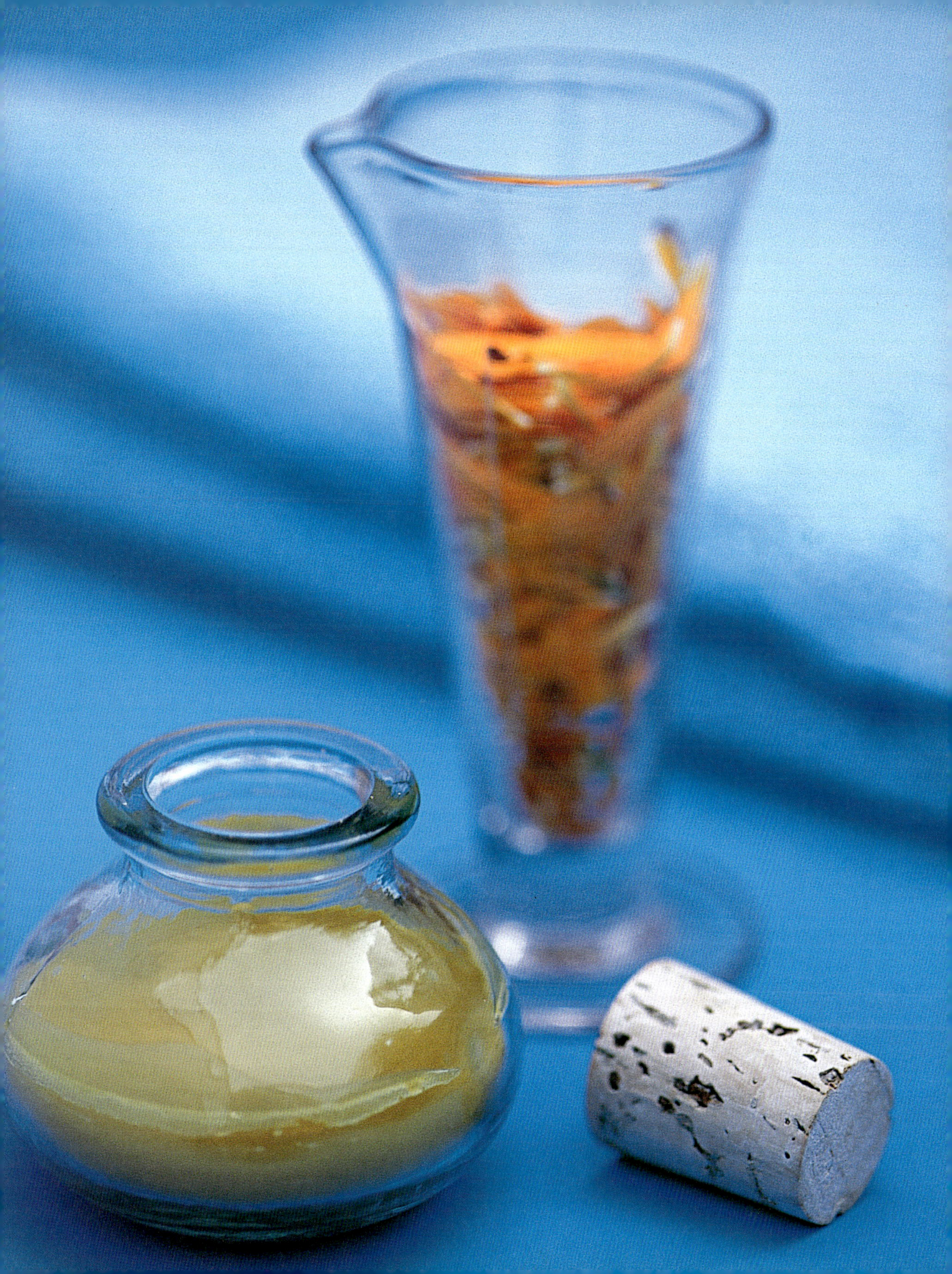

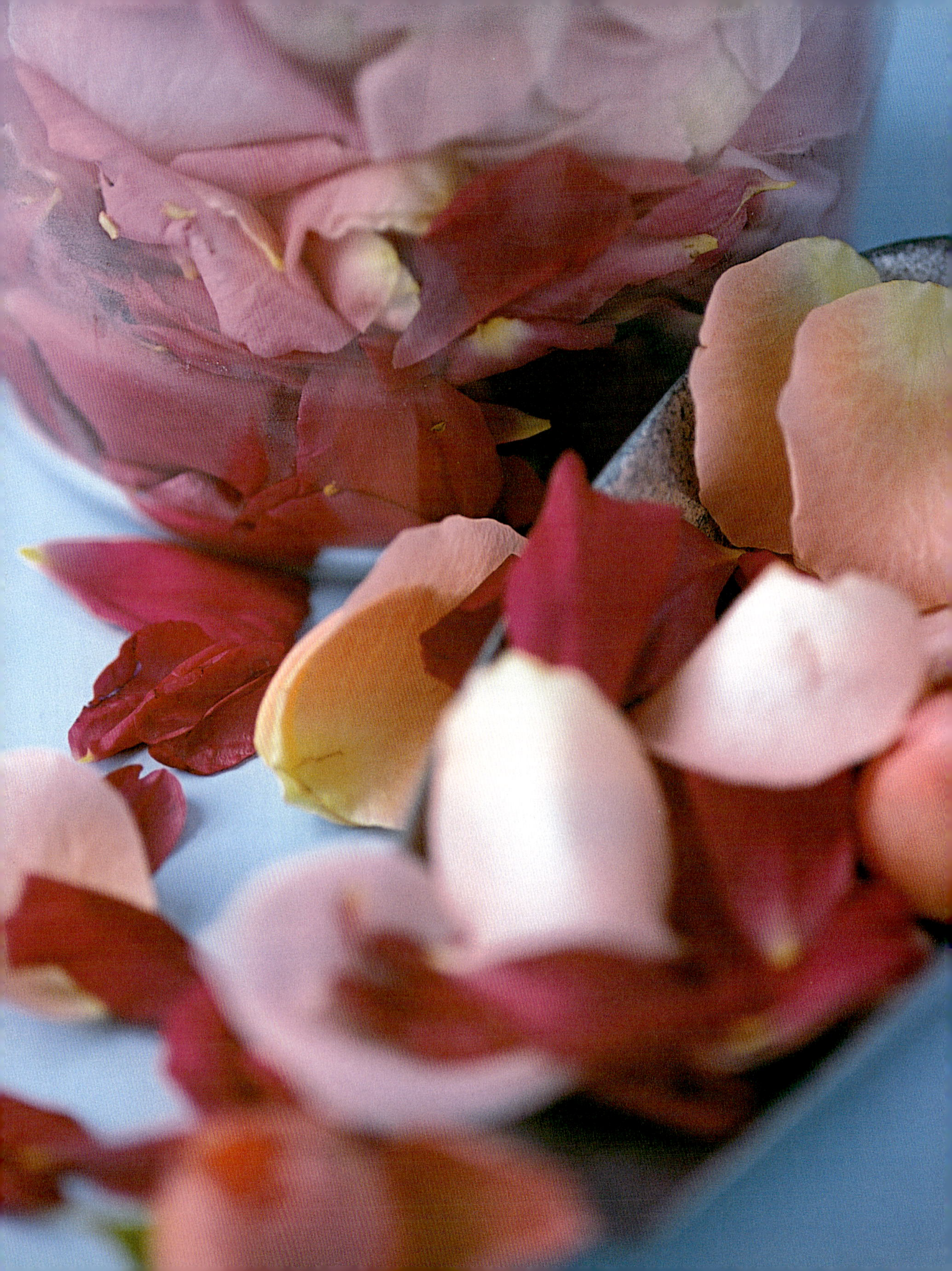

敏感肌

トリプル・ローズ・フレッシュナー

　この顔用フレッシュナーは、3通りのバラの成分を用い、優しく肌を慰めるバラの力を利用するものです。これは、朝用化粧水としても申し分ないでしょう。

乾燥したバラの花びら　25g
ローズウォーター　350ml
リンゴ酢　50ml
ローズ・エッセンシャルオイル　2滴

　瓶か広口瓶にバラの花びらを入れ、リンゴ酢とローズウォーターを注ぎます。ローズ・エッセンシャルオイルを加えます。密封して、そのまま3週間、冷暗所に置いてください。それから、液を漉し、殺菌した瓶に注ぎます。フレッシュナーとして顔に拭きつけても、洗顔後にコットンでつけてもいいでしょう。

助言

敏感肌に悩んでいるなら、肌を落ち着かせるこのお茶で体の中から治療してみてください。

タンポポの根と葉（乾燥したもの）4、乾燥ネットル2、乾燥ローズヒップ1の割合でミックス。ミックスハーブ小さじ1に熱湯225を注ぎ、6週間、1日2回、食事の前に2杯飲んでください。

肌を休めるカモミール・クリーム

　初めてこれを作ったとき、養女のリマはこれまで使った中で最高のクリームだと言ってくれました。これは肌に優しい、栄養を与えてくれる、とても心地よいクリームです。

乾燥したカモミールの花　大さじ1
水　150ml
エキストラバージン・オリーブオイル　100ml
ゆるい蜂蜜　大さじ1
蜜蝋　10g
植物性のグリセリン　大さじ2
カモミール・エッセンシャルオイル　2滴
カレンデュラ・エッセンシャルオイル　2滴

　鍋にカモミールと水を入れ、火にかけます。蓋をし、5分間煮つめ、ハーブの煎じ液を作ります（p.153参照）。冷ましてから、漉し、ハーブは捨てます。二重鍋の内側にオリーブオイルと蜂蜜と蜜蝋を入れ、ゆっくりとグリセリンを加えます。弱火でかき混ぜながらじっくりと溶かしてください。火からおろし、ハーブの煎じ液に入れ、泡だて器かミキサーでかき混ぜます。エッセンシャルオイルを加え、さらに混ぜます。それを、殺菌した広口瓶などに移し、完全に冷めたら蓋をしてください。2ヵ月以内に使いましょう。

敏感肌

敏感肌用キュウリ・パック

　過敏肌にもキュウリは適しています。このパックをどのくらい厚く塗るかにもよりますが、残っても冷蔵庫で1、2日はもちます。

ビール酵母（あるいはビール酵母の錠剤を砕いたもの）　10g
細かい粉末状のオートムギ　10g
キュウリ　7.5cm
プレーンヨーグルト　大さじ2
ゆるい蜂蜜　小さじ1
ローズ・エッセンシャルオイル　1滴

　ビール酵母とオートムギを小さなボールで混ぜ合わせ、取っておきます。キュウリの皮をむき、フードプロセッサーかハーブグラインダーにかけ、文字どおり液状にします。そこへヨーグルトと蜂蜜を加えて再び2、3分かき混ぜます。このキュウリと蜂蜜の混合液に取っておいたビール酵母とオートムギを加え、ローズ・エッセンシャルオイルを垂らし、なめらかになるまでさらにかき混ぜます。洗顔後の顔や肌に塗り、20〜30分間そのままにしてください。ぬるま湯に浸したモスリンのタオルで拭き取るか、水で洗い流してください。後は、お好みでローズウォーターやモイスチュアライザーをつけましょう。

敏感肌は…

コンフリー、カモミール、バラといった優しい、癒してくれるハーブを好みます。肌が弱い場合、刺激のあるハーブ（ラベンダー、ミント、ネットル、セージ、サザンウッド、タイム、ローズマリー）やアルコールを含む製品は使用を避け、エッセンシャルオイルの多くは刺激反応を引き起こす可能性があることを覚えておいてください。また、どの肌タイプでもそうですが、敏感肌の人は、新しい調合物を試す前に必ずパッチテスト（p.145参照）を行い、何らかの反応がないか確認してから、顔や体に使用してください。

キュウリ
Cucumis sativus

　さかのぼること1653年、顔を洗浄し冷やすというキュウリの役割はハーバリスト、カルペパーによって記録されています。カルペパーは"日焼け、そばかす、サメ肌（あまり感じのいい名称ではありませんが、かさかさやうろこ状の肌を表す）にもすばらしい効果がある"と付け加えています。皮をむいた汁状のキュウリは、キュウリだけでも、あるいはローズウォーターと同量で混ぜ合わせてもけっこうですが、暑い時期、心地よいスキンローションになります。ローションやクリームには肌を癒し、やわらかくする効果があります。また、パックとしてヨーグルトと混ぜ合わせれば（あるいはこのページのレシピを使えば）、毛穴の詰まりを取り除くのに役立ちます。スライスは手早く簡単な目のパックになり、気持ちよく目の疲れを癒し、わずかですが目の腫れを緩和します。

　もちろん、キュウリは簡単に買うことができます。熱帯地方原産ですが、温室や庭の暖かい場所でもよく育ちます（ただし頻繁な水やりが必要です）。ゆっくりと伸びはじめ、やがてたくさん実をつけるので、お友達や家族の分もローションを作れるほどのキュウリが収穫できるでしょう。私はキュウリをピクルスにするのも好きです。

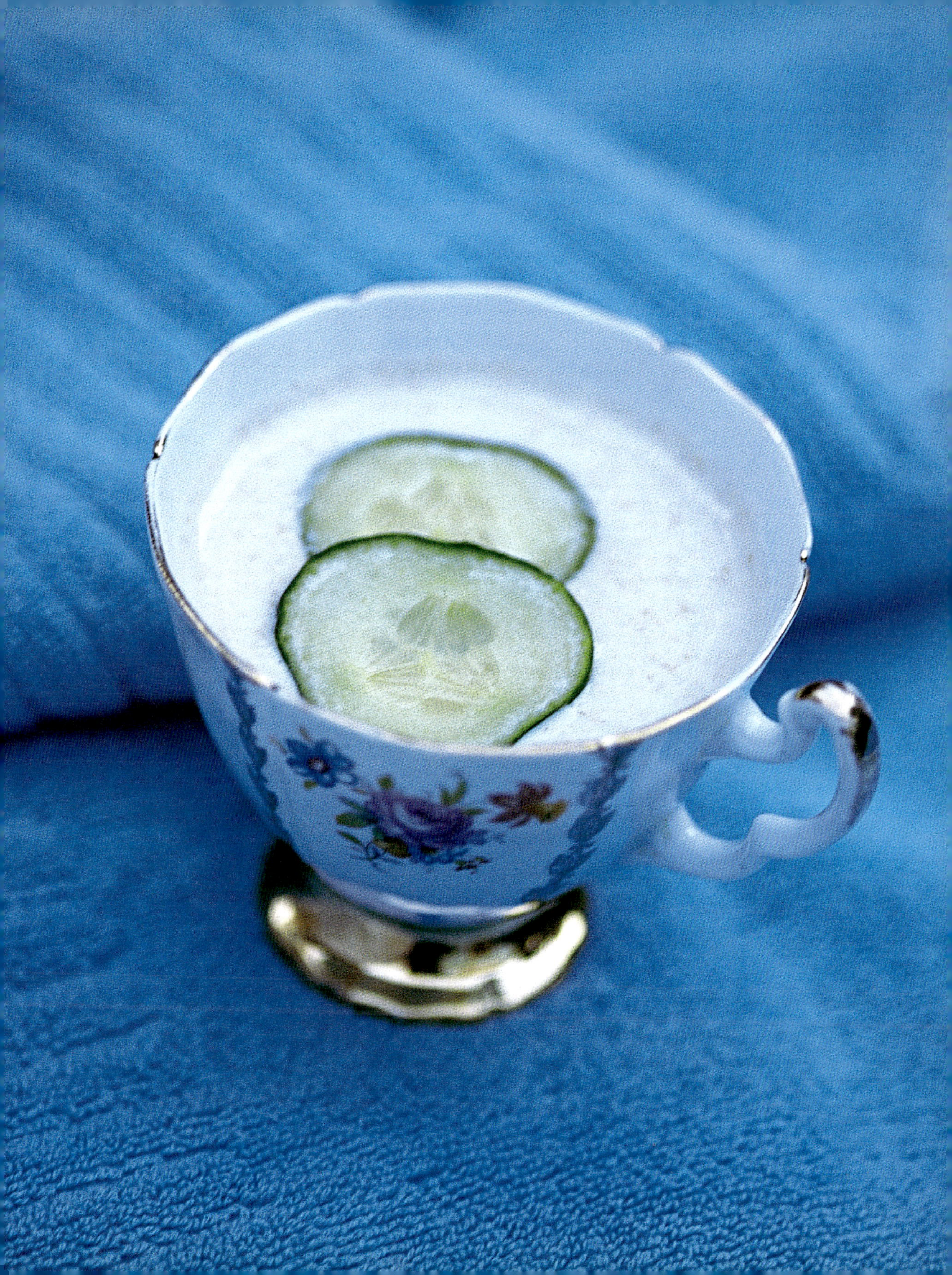

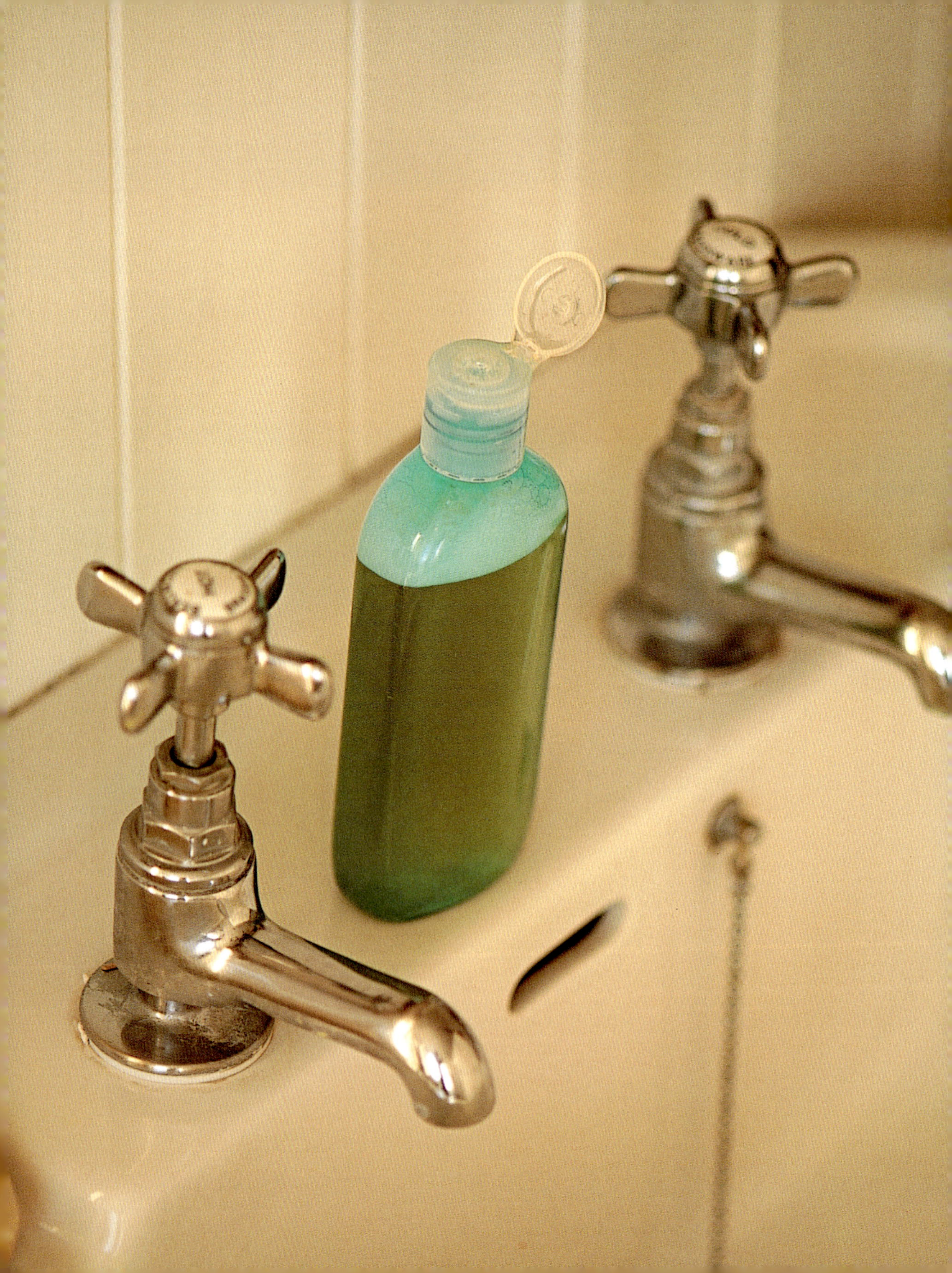

トラブル肌

泡立つハーブのフェイスウォッシュ

　ソープワートは、市販のフェイスウォッシュと違って皮膚をはがさない、とても軽く泡立つ自然のクレンザーです。これは肌の自然なバランスを保つのに役立ちます。泡は少量ですが、爽快感はすばらしいです。大量の泡立ちは期待しないでください。

新鮮なソープワートの根　50g、
　あるいは乾燥したソープワート　25g
新鮮なハーブを刻んだもの　50g、
　あるいは乾燥ハーブ　25g──ミント(爽快にする)、
　およびセージとローズマリー(ともに防腐性がある)の
　ミックスなら申し分ないでしょう。
濾過した雨水あるいはミネラルウォーター　1ℓ

　採れたてのソープワートの根をこすって洗い、皮をむきます1時間水に浸しておくと、皮がむきやすくなります。根あるいは乾燥ソープワートを鍋に入れ、水を注ぎ、蓋をします。火にかけて沸騰させ、10分間煮てください。火からおろし、完全に冷めたら、モスリンの布で漉し、液を瓶に保存してください。ポンプ式の瓶が理想的でしょう。朝晩、掌に2回押し出し、濡らした顔をマッサージするように洗ってください。後はよくすすぎましょう。1ヵ月以内に使い切ってください。

優しい、クレソンと挽き割りオートムギの肌磨きバッグ

　このレシピのクレソンは防腐性と抗生作用に優れているだけでなく、抗酸化物質であるビタミンAとCが豊富に含まれています。一方、挽き割りオートムギには肌を癒す効果があるため、この2つの材料は、トラブル肌にとてもうれしいものと言えるでしょう。

クレソンの葉と茎の小束
プレーンヨーグルト　50mℓ
粗挽きの挽き割りオートムギ　60g
15cm四方のモスリンの布　4枚

　クレソンとヨーグルトをミキサーでピューレ状にします。ボウルに挽き割りオートムギを入れ、ピューレを加え、よく混ぜます。各布の中央にスプーン大さじ2を置いて布にギャザーを寄せて包み、ひもやリボン、あるいはラフィアでしっかりと結びます。この肌磨きバッグはビニール袋に入れて冷蔵庫に保管すれば、2、3日はもつでしょう。夜のクレンジングの後、水で顔を濡らし、冷えたバッグを湿らせてください。湿ったバッグをそっと搾ってエキスを出しながら、脂っぽい部分や損傷のある部分をマッサージしてください。肌は自然に乾かしましょう。

助言

脂性肌用トナーはたいてい肌をはがして作用します。私としては、優しく行うことをおすすめします。そうすれば、肌は自分でバランスを取り戻すことができます。優しいトナーとしては、乾燥カモミール大さじ2、乾燥ローズマリー大さじ1に225mℓの熱湯を注いでお茶を作ってください。瓶にこのハーブティーを漉し、冷蔵庫に保管してください。コットンで洗顔後の肌につければ、優しく調子を整え、肌を休めてくれます。きっと、肌はすぐに落ち着きを取り戻すでしょう。

トラブル肌

ペパーミントとタイムの
フェイシャル・スチーム

　肌のトラブルに悩む人の多くは、ときどき肌に蒸気を与える必要性を感じるでしょう。それに利用するハーブとしてはミントとタイムが最高です。というのは、非常に抗菌性に優れ、肌の浄化を助けるからです。肌に蒸気をあてるのは、毛穴を開いて毒素を排出させると同時に、ほこりや汚れを取り除き、毛穴の奥から肌をきれいにする最善の方法です。ただし、血管を傷めやすい人は避けるべきでしょう。

新鮮なミントの葉　2つかみ、あるいは乾燥ミント　大さじ1
新鮮なタイムの葉　小さじ1、あるいは乾燥タイムの葉　小さじ1/2
濾過した雨水あるいはミネラルウォーター　600mℓ
ペパーミント・エッセンシャルオイル　2滴（任意）

　鍋にハーブを入れ、水を加え、沸騰させて下さい。火からおろし、エッセンシャルオイルを加えます。ほんの少し冷ましてから、低いテーブルに置いたボウルに移してください。ボウルの上に顔を近づけ、厚手のタオルを頭からかぶり、ボウルの両側が囲まれるのを確認してください。蒸気は毛穴を開かせ、発汗を促し、皮膚に閉じ込められている毒素や堆積物を取り除くのを助けるでしょう。ミントには殺菌効果もあります。お好みで、これを週に1、2回行ってください。パックの効果を高めるため、パックをする前に蒸気をあてるのもいい考えでしょう。

助言

タイム1つかみに同量の乾燥ラベンダーとコンフリーを混ぜ合わせ、水差し1杯の熱湯に浸します。冷めたら、つや出し用ヘアリンスとして使用してください。

タイム
Thymus vulgaris

　外で強風が吹き荒れているときでも、タイムのつんとする芳香は夏の暑さを呼び起こします。タイムは驚異的な虫よけであり、また、皮膚表面の血液の循環をよくします。ビューティケアでは、タイムはトラブル肌に役立ち、顔用のあらゆる種類の刺激性トニックや石鹸の成分になります。また、化粧品のレシピに蜂蜜が含まれていれば、蜜蜂がタイム畑から採集した"タイム蜂蜜"を使用するようにしてください。これは特に肌を慰め、癒してくれます。タイムは防臭剤としても優れています。また、ローズマリーと同じように、髪をやわらかくなめらかに保ち、ふけを防ぎます。タイムは感覚にも作用します。タイムの香りをちょっと吸い込めば、頭はシャープになって記憶力が刺激される一方、神経は静まるでしょう。明瞭に考えたり、しゃきっとする必要があるときには最適な入浴剤になります。小さくこんもり茂るタイムには数多くの種類がありますが、美容兵器に望ましいのは一般的なタイムです。多くの芳香性のハーブと違って、タイムは深い豊かな土壌を非常に好み、きれいなラベンダー色の花は庭に蜜蜂を引き寄せるでしょう。

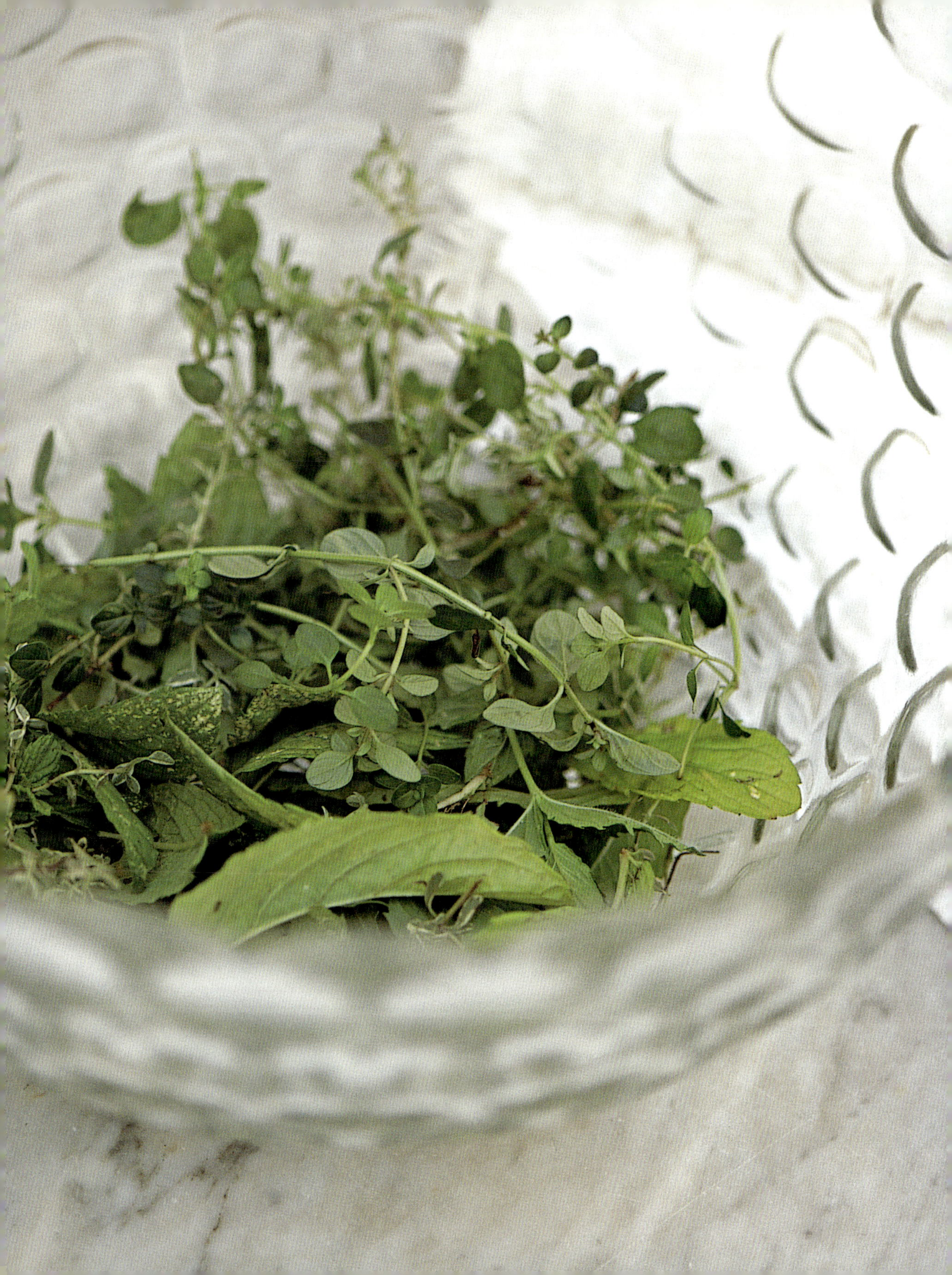

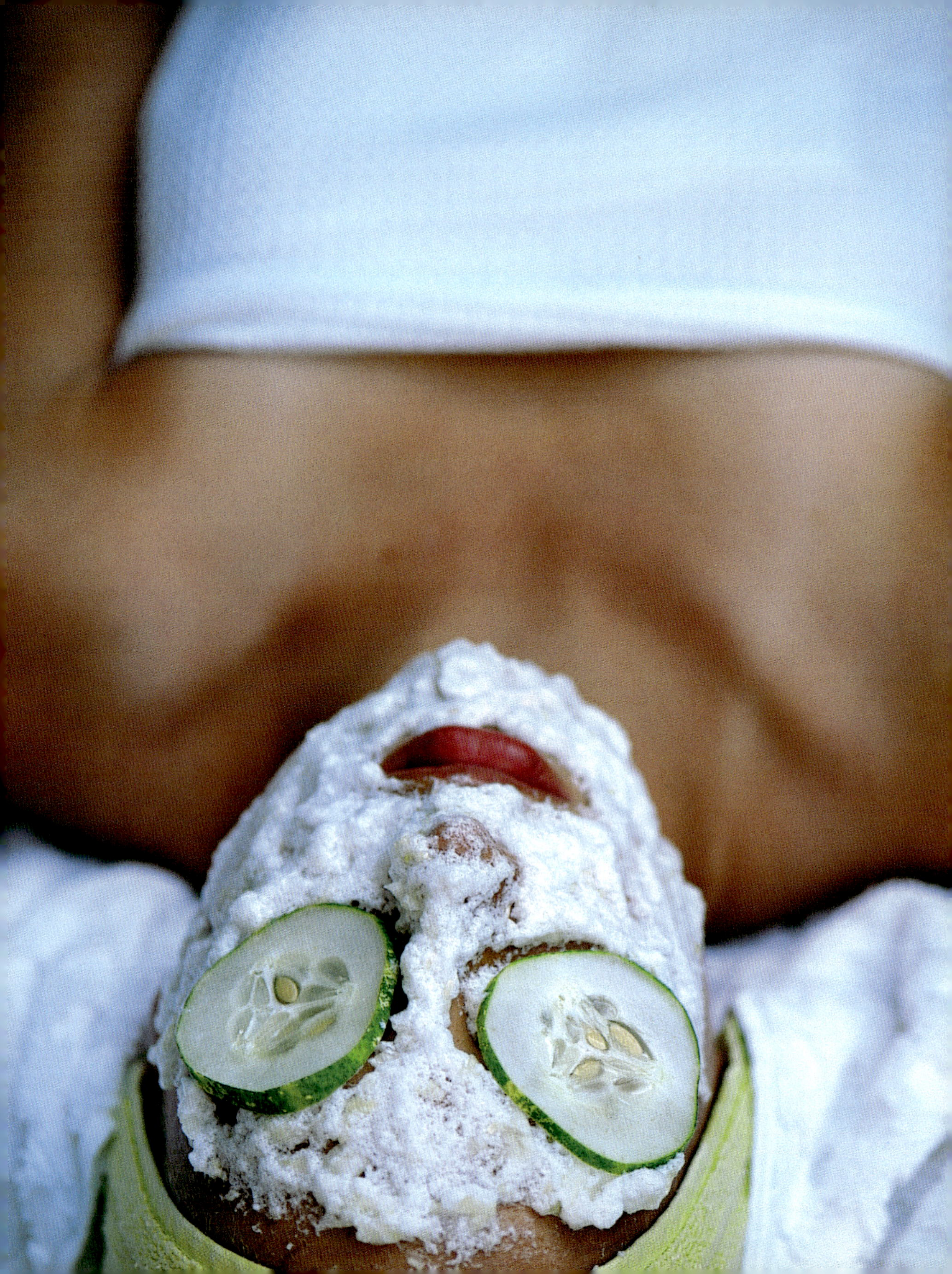

コンフリー
Symphytum officinale

　コンフリーは本当に肌を気持ちよくしてくれます。この驚くほど肌を慰め癒す効果は、皮膚組織を結びつけ新しい細胞の成長を促進する成分が含まれていることにあります。この皮膚を静める魔法のような成分がアラントインです。これは成分表示でよく目にするものですが、化粧品会社はしばしばこの美容に関する驚異の植物を人工的に"コピー"したものに頼っています。

　伝説的な17世紀フランスの美女、ニノン・ド・ランクロは肌を美しく保つためにコンフリーを使用していたと言われています。コンフリーがいいのは肌だけではありません。何世紀も前からコンフリーは骨折治療に役立つ"ニットボーン（骨接ぎ）"として知られています。ローマ人がこれを"つなぐ"という意味のconfervaと呼んでいたため、"comfreyコンフリー"となったようです。

　ハーバリストは、このハーブを湿疹や乾癬に使用しています。有益な部分は葉と根ですが、花も短命ながらとてもきれいです。

　コンフリーは驚くほどバランスの取れたハーブで、皮膚の収斂と軟化の両面で優れ、各肌が必要とするものに順応するようです。脂性肌、トラブル肌、および乾燥肌向けのローション、クリーム、バームに使用してください手に使ってもよいでしょう。

　コンフリーの栽培はどうでしょう？　ほんの小さな植え込みでも、湿っぽい場所に植えれば、すぐに力強くのびのびと大きく育ちます。私のようなオーガニック園芸家は断言します。葉を水に浸して嫌な臭いのするお茶のようなものにし、水やりの時に加えると、驚くべき肥料になります。ただし、近種のロシアコンフリーは皮膚の刺激原になると考える人もいることを覚えておいてください。

トラブル肌

にきび肌向けコンフリー・パック

新鮮なコンフリーの葉と花（花期なら）　50g、
　　あるいは乾燥コンフリー　25g
濾過した雨水あるいはミネラルウォーターの熱湯　225㎖
玉子の白身　1
フラー土　50g

　ボウルにコンフリーを入れ、熱湯を注ぎます。蓋をし、完全に冷ましてから、漉してください。別のボウルで卵の白味とフラー土を混ぜ合わせ、コンフリー液大さじ2で湿らせます。目と口部分を避けて顔全体にパックを広げます。20〜25分間、置いてください。取り除くときは、残りのコンフリー液にコットンを浸し、きれいになるまで顔を拭ってください。肌は自然に乾かしましょう。

傷対策キュウリ・パック

　キュウリは肌を落ち着かせ、ローズマリーは非常に効果的な殺菌性があります。また、玉子の白身は顔にはりを与えてくれるでしょう。

キュウリ　2.5cm
ローズマリー・エッセンシャルオイル　1滴
玉子の白身　1個分

　キュウリをミキサーにかけ、完全な液状にしてから、ローズマリー・エッセンシャルオイルを加えます。玉子の白身をピンと立つまで泡立て、胡瓜の混合液をゆっくり混ぜ合わせ、目と口部分を避け、顔全体に広げてください。15分経ったら、清潔な濡れタオルで取り除きましょう。

助言

背中や肩ににきびがあれば、友達やパートナーに頼んでこの混合物を塗ってもらいましょう。素晴らしい"背中パック"になります。

トラブル肌

リンゴのにきびブラスター

　吹き出物が出そうだと感じたらこれです。しかも、非常に簡単です。リンゴのスライスに熱湯を注ぎ、やわらかくなるまで数分間待ちます。湯から出し、適温になるのを待って、吹き出物にあてましょう。20分間そのまま置いてからはがし、湿らせたコットンで軽くその部分を拭ってください。

リンゴのトリートメント

　このトリートメントは少なくとも週1回行いましょう。にきび、吹き出物、腫れ物からの回復ぶりがわかります。リンゴ1個を厚切りにし、ミキサーに入れ、どろどろのジュース性になるまで回します。横になり、髪の生え際をカバーしてから、目と口部分を避けて顔全体にこの液を塗ってください。15〜20分、リラックスしましょう。後は完全にすすぎ落とし、Tゾーン以外のあらゆる場所に軽いモイスチュアライザーをつけてください。

ウィロウの傷バスター

　ウィロウの葉に含まれるサリチル酸は発疹を効果的に乾かして取り除きます。

新鮮なウィロウの葉　10g
リンゴ酢　50mℓ

　ウィロウの葉を刻み、りんご酢を注ぎます。それを瓶に移し、よく振ってから冷蔵庫に入れてください。1週間、毎日振り、その後、液を漉して殺菌した瓶に入れます。コットンにこの液をつけ、吹き出物にあててください。

リンゴ
Malus species

　1日1個のリンゴは確かに皮膚科の医者を寄せつけない……。リンゴは殺菌性が高く、感染から皮膚を守り、細菌を殺します。また、ミネラルやビタミンAやCが豊富です。リンゴに酸味を与えているリンゴ酸は自然のアルファ・ヒドロキシ酸で、優しく皮膚を剥離させ、肌をなめらかにし、くすんだ顔色を明るくしてくれます。

　多くの細菌はリンゴジュースの中では生きられないのです。なんという強い威力ではありませんか？　リンゴを食べれば、素晴らしい食物繊維豊富なペクチンが肌を慰め、回復する性質を発揮してくれるでしょう。

　さて、リンゴの栽培はどうでしょう？　小さな庭でも、きれいな花と豊かな果実をつけるこの木の場所はあるはずです。今では、"ミナレット"や"バレリーナ"といった植木鉢でも育てられる姫リンゴの木も出回っています。

助言

にきびや肌のトラブルに悩む人の多くがそうですが、もし顔を触る癖があるなら、その癖をなおしましょう。もしなおせないなら、よく手を洗うように心がけてください。手は顔に細菌を伝えやすく、その結果、吹き出物が菌に感染することがあるからです。

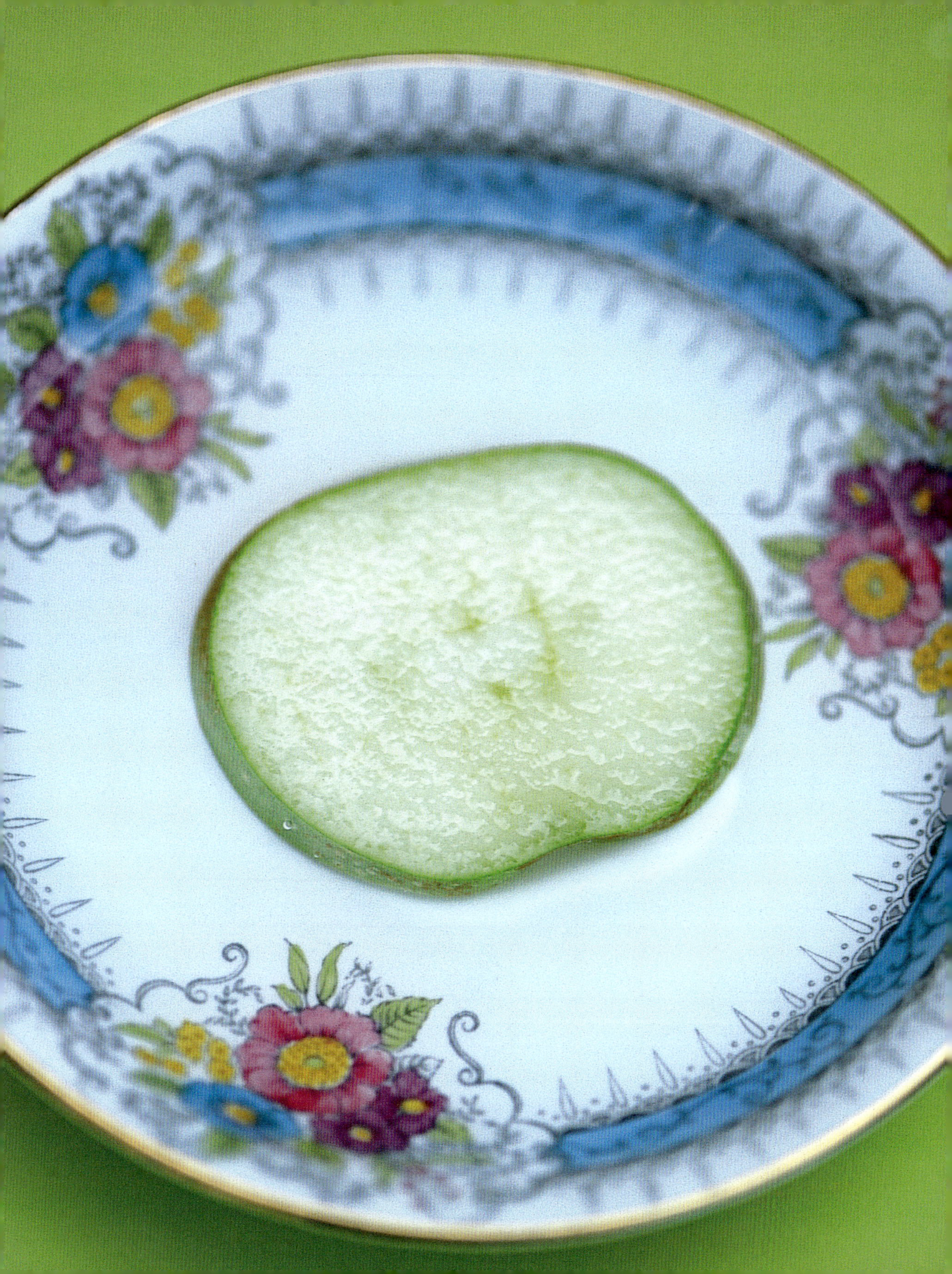

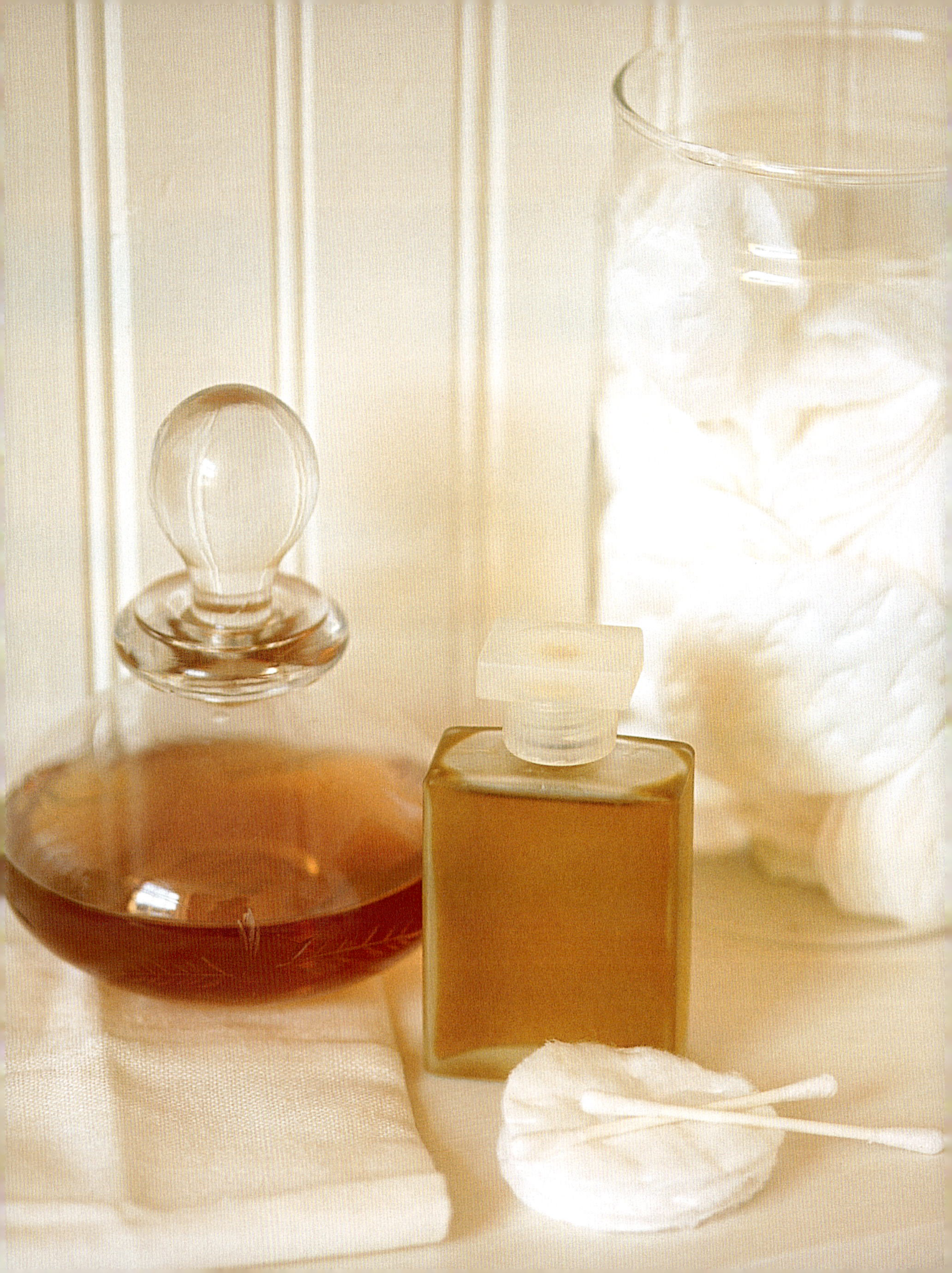

成熟肌

マリーゴールドと乳香の栄養クレンジングオイル

フェンネル
Foeniculum vulgare

これは、庭に植えれば、とってもゴージャスなハーブです。(ブロンズ色のフェンネル──Foeniculum purpureum──の傘のような花はフラワーアレンジメント用にも気に入っています。)一方、野菜の棚に置かれているのを見かけるフローレンスフェンネルの球根は、液状にすれば肌を冷やして慰めるパックになります。また、フェンネルの種で作ったお茶にコットンを浸し、目を休める湿布にしてもいいでしょう。

フェンネルの栽培にトライしたいですか？多くのハーブ同様、フェンネルも嬉しいことにほとんど手がかかりません。日当たりのいい場所を好み、そのまま放っておいて大丈夫です。(ただし、球根を生成する食用のスイートフェンネルは、大きく膨れるために多量の水を必要とします。)それから、最後に1つ。フェンネルは、うまく年月を重ね長寿であることに絡め、不死のハーブと言われています。(だから、フェンネルを育てていると、フェンネル・ティーを飲みたくなるのかもしれません。)

助言
自分でマリーゴールドの花の浸出液を作るのがじれったいという人は、ニールズヤード・レメディーズに行けば、カレンデュラオイルが手に入りますし、あなたのために浸出液を作ってくれます。

マリーゴールドは肌にとって最高の友の1つです。また、乳香は、ミイラ製作に用いられていた古代エジプト時代以来、アンチエージング力で有名です。この混合物は魔法のようにメークを溶かし、オイル(必須脂肪酸が豊富です)は肌に"栄養"を与えてくれます。

乾燥したマリーゴールド(カレンデュラ)の花　50g
ヒマワリオイル　50mℓ
麻の実オイル　大さじ2
アプリコットカーネル(杏仁)オイル　大さじ2
乳香、あるいはローズ・エッセンシャルオイル　15滴(任意)

ガラスの広口瓶にマリーゴールドの花を入れ、ヒマワリオイルを注いでください。密閉し、日当たりのいい窓辺に三週間置き、その後オイルを漉します。麻の実オイルとアプリコットカーネルオイルを加え、ネジ蓋つきのガラス瓶に移しましょう。エッセンシャルオイルを使用しているなら、少したらしてください。瓶からコットンにこのクレンジングオイルを取り、肌を拭き取ってください。

フェンネルと蜂蜜のフレッシュナー

蜂蜜とフェンネルはともにアンチエージング力があると評判です。顔をきれいにさっぱり洗いたいけれどオイルベースのクレンザーでクレンジングした後の"つっぱり感"がいやという人にとって、この軽いフレッシュナーは完璧です。

ローズウォーター、あるいはオレンジフラワー・ウォーター　50mℓ
フェンネルの種　10g
ゆるい蜂蜜　小さじ1

ローズウォーター(p.153参照)でフェンネルの種の浸出液を作り、24時間置いた後、モスリンの布かキッチンペーパーで漉します。顔に吹きつけるか、コットンでつけてください。

成熟肌

顔を引きしめる
ブドウ・パック

　ブドウに含まれる自然のエクスフォリアントや抗酸化物質は、肌を非常になめらかにし、同時に引きしめます。また、フルーツ酸には軽い剥離効果があり、肌を輝かせます。

大粒のブドウ　4個、あるいは小さめのブドウ　8個

　ブドウを2つにカットして皮をむき、種を取り除きます。果肉をどろどろにつぶし、目や口部分を避けて肌に広げます。10〜15分間、そのままにしてください。肌をすべるようなぬるぬるした感じがしますが、同時にぴりっとした爽快感もあるはずです。ぬるま湯で洗い流し、軽くたたくように乾かし、いつものように潤いを与えてください。

助言

成熟肌では、太陽によるダメージの遺物がデコルタージュ（首と肩）にしばしば見られます。エルダーフラワーの浸出液（p.153参照）は肌を太陽の影響から守るだけでなく、肌を白く保つのにも役立つと言われています。（もちろん、この傷つきやすい部分には常に日焼け止めをつけるべきでしょう。）夜、スイートアーモンド・オイルを数滴使ってこの部分をマッサージしてください。あるいは、p.53にあるマドンナリリーのネック・トリートメントでもいいでしょう。

肌をやわらかくする
レタスのトニック化粧水

　レタスにはびっくりするほど肌をやわらかくする効果があります。この化粧水は、クレンジングの後や、肌がほてったり乾ききっていると感じるときに使用するといいでしょう。

水（雨水が好ましい）あるいはローズウォーター　300mℓ
刻んだレタス（種類は問わない）　1個分

　液を沸騰するまで加熱してください。そこへ刻んだレタスを入れ、数時間浸します。液を漉して殺菌した瓶に移し、密封します。コットンを使ってつけてください。

成熟肌はマッサージが大好きです…

マッサージは肌の血行をよくし、むくみの原因となるリンパ液を排出させます。私の場合、5分間のフェイシャル・マッサージで、5年分の疲れが吹き飛びます。マッサージ法についてはp.136で簡単に説明しています。

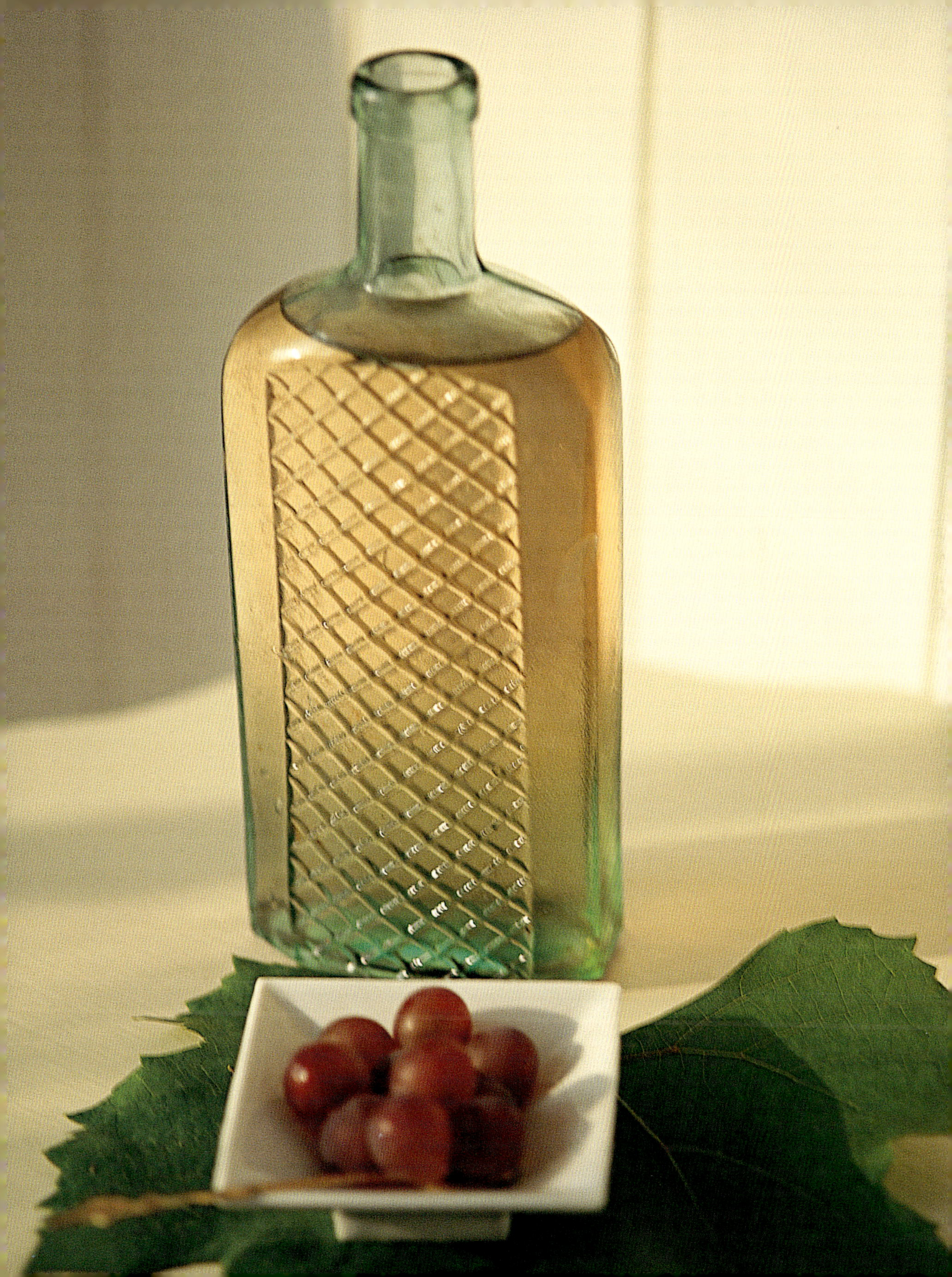

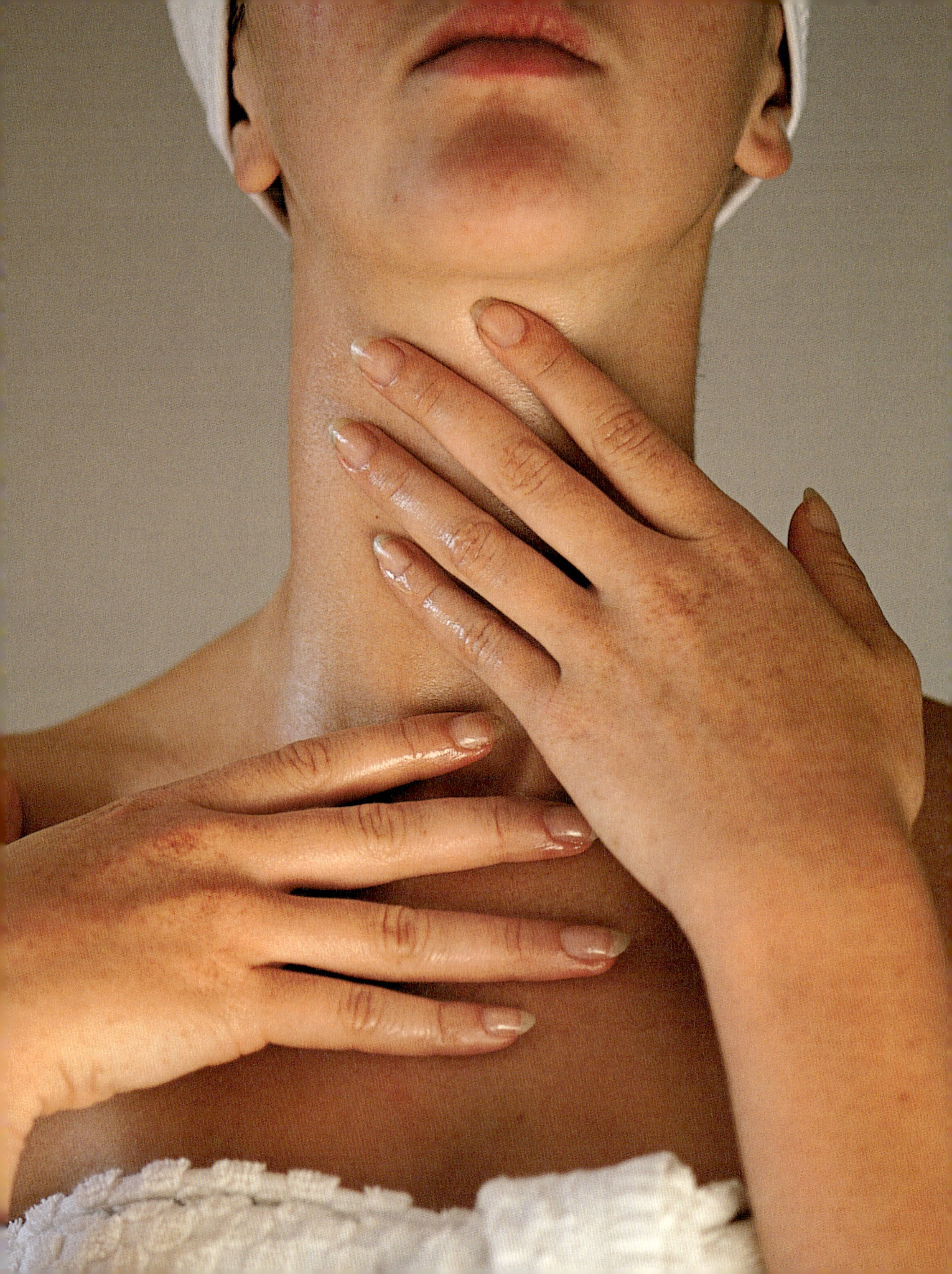

成熟肌

ビタミン力を高める モイスチュアライザー

　女性の中にはビタミンEのカプセルを突き刺して中身を顔に塗るだけでいいと信じている人がいます。しかし、このレシピでは、ボリジフラワー（スターフラワー）・オイルと組み合わせることによってビタミンEの効果をぐんと高めます。素晴らしく肌に潤いを与えてくれるこの化粧水は、本書の中でも私が特に気に入っているものの1つです。

新鮮なマリーゴールドの花びら　大さじ1、
　あるいは乾燥したマリーゴールドの花　小さじ1
水　150㎖
蜜蝋　20g
エキストラバージン・オリーブオイル　100㎖
植物性グリセリン　大さじ1
小麦胚芽オイル　30㎖
スターフラワー・オイル　2カプセル
ビタミンEオイル　2カプセル
乳香（フランキンセンス）エッセンシャルオイル　15滴

　鍋にハーブと水を入れ、沸騰させ、煎じ液を作ります（p.153参照）。それを冷まして、漉してください。二重鍋の内側にオイルと蜜蝋を入れ、溶けるまで加熱します（p.153参照）。火からおろしたら、グリセリンとハーブの煎じ液大さじ2をゆっくりと加え、手動あるいは電動の泡だて器でよくかき混ぜます。これに、スターフラワーとビタミンEのカプセルを突き刺してその中身を加え、さらに小麦胚芽オイルを混ぜます。殺菌した広口瓶などの容器に移し、完全に冷めたら蓋をしてください。二ヵ月以内に使いましょう。

マドンナリリーの ネック・トリートメント

　ユリの球根を使うなんて贅沢に思えるかもしれません。でも、最近、首用クリームの価格を見たことがありますか？　もしマドンナリリーを育てているなら、地面から球根を掘り出すのが理想的でしょう。そうすれば、丸々したジューシーな球根が使えます。よくこすって土を完全に落としてください。園芸店で購入した球根を使う場合は、皮が堅くなっているかもしれないので、皮をむく必要があるかもしれません。

マドンナリリー（Lilium candidum）の球根　1個
ローズウォーター　50㎖
蜜蝋　50g
アプリコットカーネル（杏仁）オイル　大さじ2
ビタミンEオイル　小さじ1/2
ゆるい蜂蜜　小さじ1
グレープフルーツシード・エキス　4滴

　ユリ根の"かけら"半ダースを使用します。皮をむき、きれいにしたら、ローズウォーターとともにミキサーに入れ、泡立ち、なめらかになるまで回してください。それを漉して二重鍋（p.153参照）の内側に入れ、五分間熱します。水差しかボウルに移し、取っておきます。二重鍋の内側にオイルと蜜蝋を入れ、溶けるまで加熱してください。それに蜂蜜と"リリージュース"を加えてかき混ぜます。なめらかにするのにハンドミキサーを使ってもかまいません。グレープフルーツシード・エキスを1滴ずつ加えます。殺菌した広口瓶に移し、固まらせてください。夜、首を下から上へ撫でるようにマッサージしながら使用してください。

成熟肌

ニンジン・パック

　ニンジンは信じられないほどビタミンAが豊富です。ビタミンAは肌に局所的に使用すると、アンチエージング作用を発揮します。これは極めて敏感な肌にも適しています。

大きなニンジン　1本
スイートアーモンド・オイル　大さじ1
ジャスミン・エッセンシャルオイル　5滴（任意）

　ニンジンの皮をむいてミキサーにかけ、ジュースを漉してください（飲んでもかまいません！）。果肉にスイートアーモンド・オイルを混ぜ、お好みでジャスミン・エッセンシャルオイルを1滴ずつ加えます。（ジャスミンのシーズンなら、花を少し加えても素敵です。）古いタオル、あるいは特別なものでないタオルに横になり、この混合物を洗顔後の顔に目や口部分を避けて広げてください。10〜15分間そのままリラックスし、パックの効果を待ちましょう。ぬるま湯でよくすすぎ、軽くたたくように乾かし、いつものように潤いを与えてください。

成熟肌がやはり大好きなものには…

コンフリー、カモミール、ジャスミン、蜂蜜、イブニングプリムローズ、マリーゴールド、オリーブオイル、小麦胚芽オイル……などがあります。

ニンジン
Daucus carota

　ニンジンを全部食べなさいとお母さんに言われたことがあるでしょう。そう、お母さんは、肌にもたっぷり塗りなさいと実は言うべきだったかもしれません。ニンジンには、プロビタミンA、B、Cをはじめ肌を回復させるビタミンが豊富に含まれています。（これが年齢を重ねた肌に役立ち、肌をやわらかくし、肌の弾力性を回復するのを助けます。また、抗炎症性で、皮膚の感染症を撃退するだけでなく、肌にはりを与える、"フェイスリフト"作用も備えています。）

　ニンジンを育てるのは簡単ではありません。ニンジンは、砂質の水はけのよい土壌を好みます。そうでなければ、先が分かれ、とてもおもしろい形になります。菜園家がニンジンの根が飛び上がったとこぼすのをよく耳にするでしょう。（これは、羊毛でおおうことによって実は避けることができます。）ノラニンジンが採集されることもあります。ノラニンジンの1種Daucus sylvestrisは林や野原の端、あるいは道路ぎわに生えているのをしばしば見つけられます。香りについては、採りたてのニンジンに勝るものはありません。美容に関しても、含有ビタミンは長時間取り置かれることで減少するため、新鮮であればあるほどベターです。しかし、ニンジンは買うほうがいいと言うなら、必ずオーガニックのものにしてください。イギリスでは、ニンジンのサンプルに高濃度の殺虫剤の残留物が測定されているため、政府さえもが食べる前にニンジンの皮をむくようアドバイスしています。そう、それから、スターバックスでカフェインを取る習慣をやめようと思っているなら、ニンジンの種は心地よいアフタヌーンティーになるでしょう。

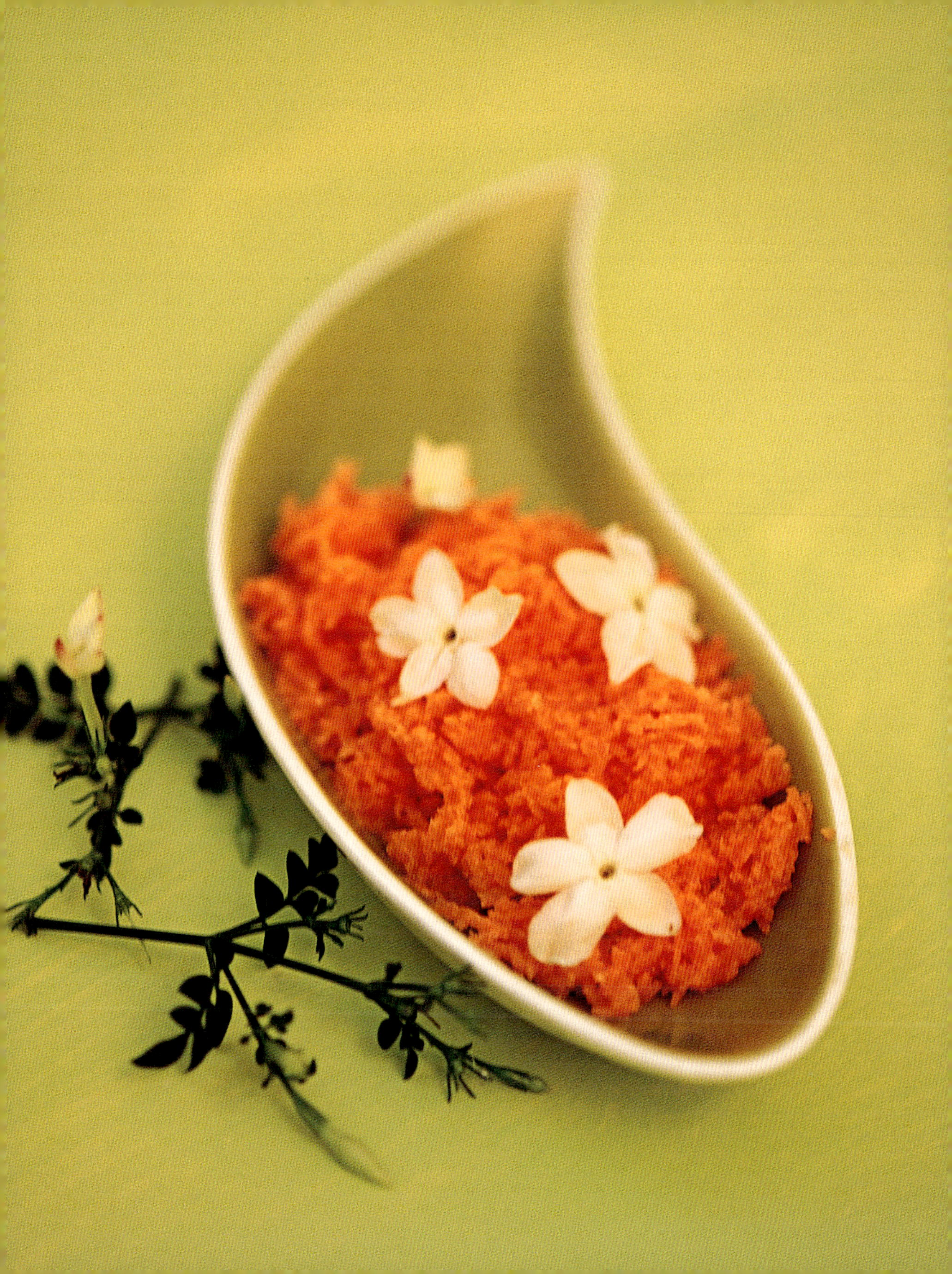

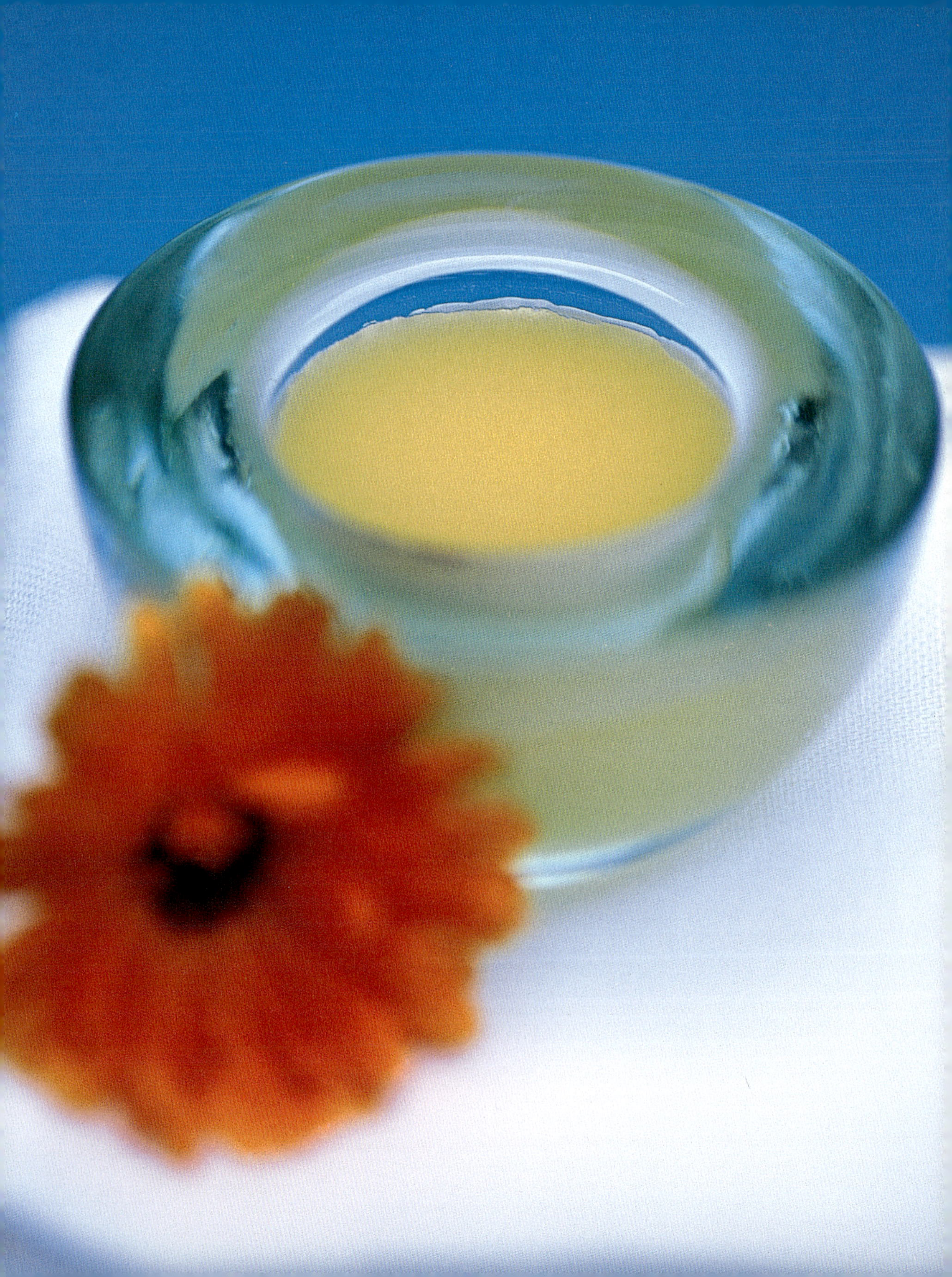

トラブル対策

肌の
SOSの必需品

　美容（および健康）の緊急対策として、以下のものを手元に置いておきたいものです。

- キッチンの日当たりのいい窓辺にアロエの鉢植え。スライスして、火や熱湯による料理中の軽いやけどの治療に使用。

- アルニカ・クリーム（打撲傷に）

- 蜂蜜は肌のSOSに優れた効果を発揮します。自然の殺菌剤であり、切り傷や擦り傷に使用します。また、リップクリームとして唇に塗ってもいいでしょう。（舐めてしまいたいという誘惑に負けないようにしてください！）

- ラベンダー・エッセンシャルオイル――直接肌につけることができる数少ないエッセンシャルオイルの1つで、軽いやけどに驚くほど作用します。

- レスキューレメディ――これは、ストレスの多い時期に絶対になくてはならないアイテムです。覚えておいてください。ストレスはまず顔に表れます……。

- ティーツリー・エッセンシャルオイル――切り傷や擦り傷に効果的です。（水虫にも効きます。）

万能のカレンデュラ軟膏

　私は、発疹、かゆみ、ただれ、炎症、かさつきなど、あらゆる種類の美容の緊急時にそなえてこの軟膏を救急棚に保管しています。（もしマリーゴールドの花を手に入れることができなければ、ニールズヤード・レメディーズのカレンデュラ浸出オイルがこの軟膏のベースとして申し分ないでしょう。）

乾燥したマリーゴールド（カレンデュラ）の花　25g
ヒマワリオイル　150mℓ
蜜蝋の顆粒　25g

　ガラスの広口瓶にマリーゴールドの花を入れます。オイルを注ぎ、それを窓辺に置き、浸出させます。中に空気が入っていないこと、花が十分オイルに浸っていることを確認してください。約3週間、毎日振ります。すると、3週間経つ頃には、肌をなだめる軟膏のすばらしいオイルベースができるでしょう。目の細かな布で漉してボウルに移し、花を押して最後の1滴まで絞り取ってください。
　さて、軟膏を作りましょう。二重鍋（p.153参照）の内側にオイルと蜜蝋を入れて加熱し、完全に溶けるまで箸かスプーンを使ってかき混ぜます。濃度を見るために、軟膏の混合液を少量皿に落とし、冷蔵庫に入れて1分間冷ましてください。もう少し硬い軟膏がよければ、再び加熱し、蜜蝋を少し加えてください。少し硬すぎると思えば、再び加熱し、オイルをもう少し加えてください。気候によっても違いがでます。外が暖かい時期は蜜蝋が多めに必要になるかもしれません。軟膏を広口瓶に移し、冷まして固めましょう。熱や光の届かないところに保管してください。

優しいアイメイクアップ・リムーバーオイル

　優しく肌を癒す植物の滋養分をしみ込ませた、このオイルベースのメイクアップリムーバーは、目のまわりのデリケートな組織を乾かしません。

乾燥したマリーゴールドの花　10g
乾燥したアイブライト　小さじ1
オリーブオイル　大さじ2
アボカドオイル　大さじ2
ヒマワリオイル　大さじ2

　広口瓶に乾燥ハーブを入れ、オイルを注ぎ、ハーブが完全に液に浸るようにします。密閉し、窓辺に約4週間置いてください。時間が経ったら、キッチンペーパーかモスリンの布で漉して、さらにもう一度漉してから、ネジ蓋かコルク栓のついた乾いた殺菌済みの瓶か、滴瓶に入れます。浸出オイルを使用するときは、濡らしてから絞って余分な水分を取ったコットンに3〜4滴取ってください。オイルが目の中に入らないよう気をつけて、そのコットンで目の部分を撫でるように拭いてください。もう一方の目を拭うときは必ず新しいコットンを使ってください。
　（手っ取り早く作りたいなら、太陽の日差しと時間をかけて植物の滋養分がオイルに浸出するのを待つのではなく、二重鍋（p.153参照）にオイルと乾燥ハーブを入れ、15分間火にかけて作ることもできます。完全に冷ましてから、2回漉し、殺菌した瓶に移してください。）

キュウリのリフレッシュ・ジェル

　アロエと組み合わせた時のキュウリの冷却効果はすばらしく、肌を癒し、回復してくれます。

アロエの葉のスライス　2.5cm、あるいは自然食品店で
　　入手したアロエのジェル　大さじ1
キュウリ　2.5cm
コーンスターチ（トウモロコシ粉）　小さじ1/4
ウィッチヘイゼル　大さじ1
グレープフルーツシード・エキス　1滴

　皮をむいたアロエの葉あるいはアロエジェルをキュウリと一緒にすり鉢に入れ、すりこ木で潰してなめらかになるまで混ぜ合わせます（ハーブグラインダーにかけてもかまいません）。それを二重鍋（p.153参照）に入れ、コーンスターチを加えて、ほぼ沸騰するまで加熱します。それから少し冷まし、ウィッチヘイゼルとグレープフルーツシード・エキスを加えます。殺菌した小さなガラスの広口瓶に移し、冷蔵庫に入れ完全に冷ましてください。ジェルは、目のまわりの骨部分に軽く押しあててください。

　合成保存料を使わずに作られる自然化粧品は汚染されることがあるということに特に注意してください。目に関する調合物は、異臭がしたり何らかの感染があると感じたら、すぐに捨ててください。目用の手作り化粧品を使用する時は、常に手は確実に清潔にしてください。自家製の浸出液は絶対に直接目に入らないようにしてください。十分に殺菌されていないかもしれません。

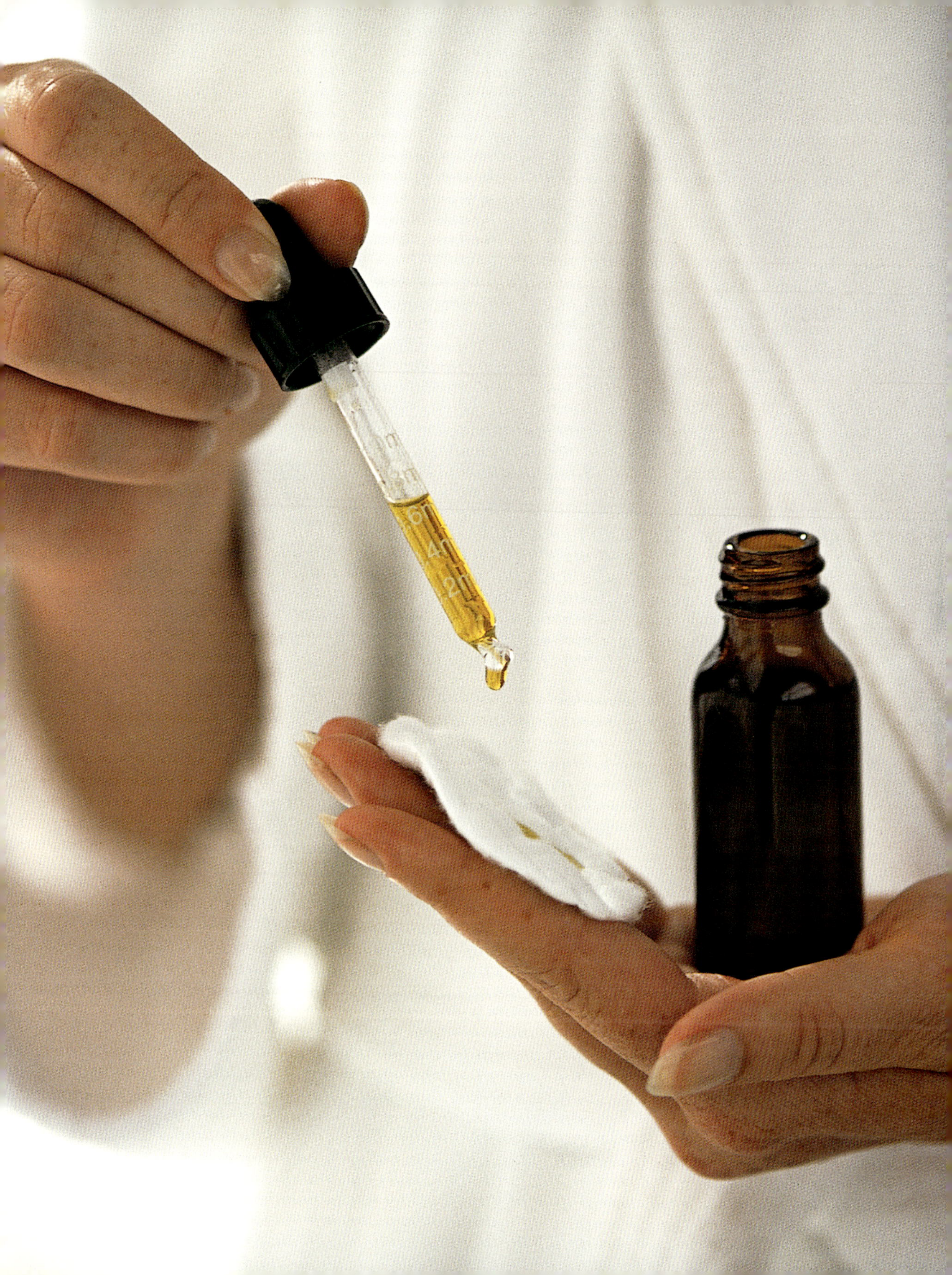

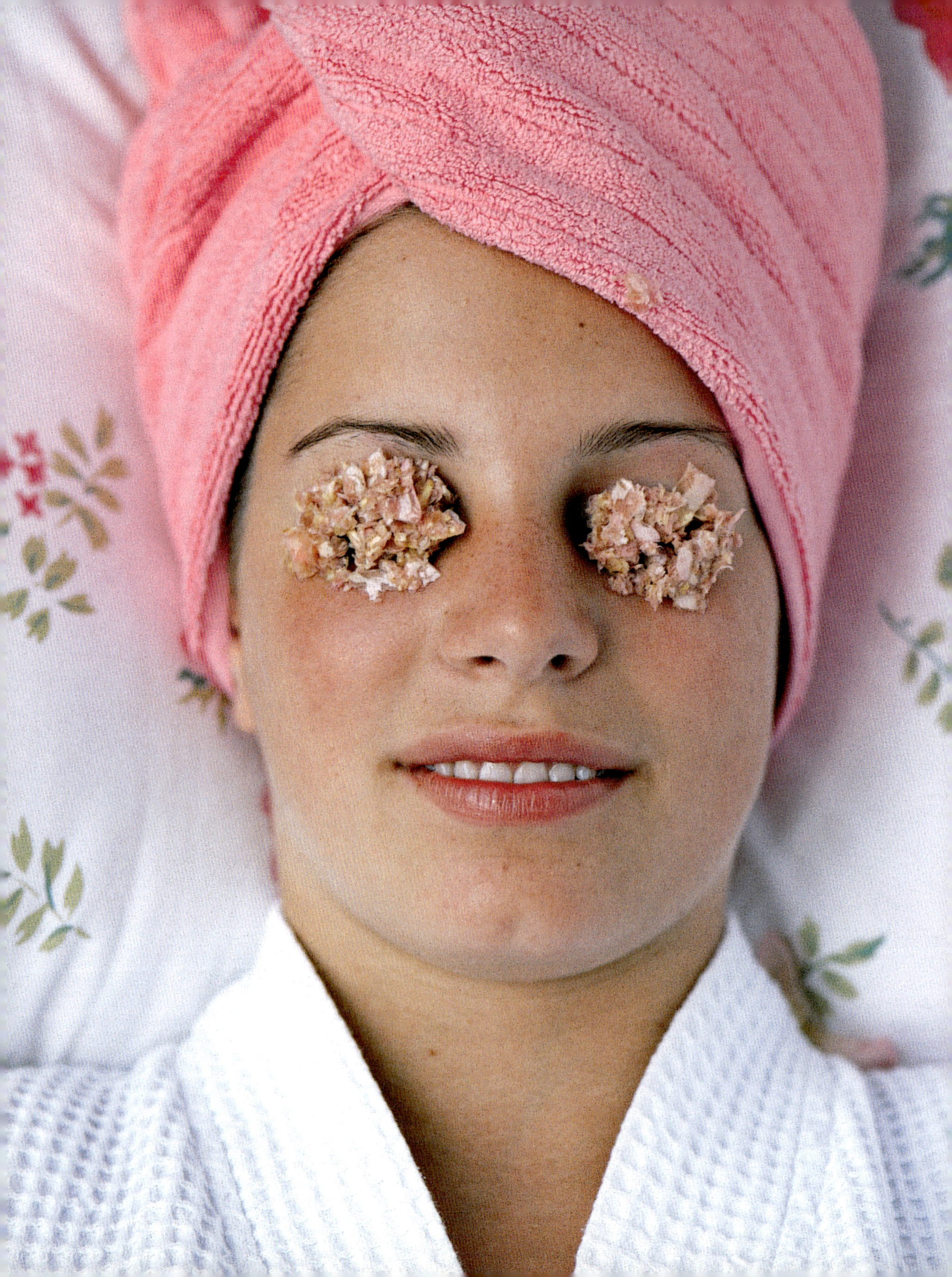

瞼の腫れをとる
カモミール・アイパック

　カモミールは疲れ目や目の腫れに奇跡的な効果をもたらします。二日酔いになりそうだとわかっていたら、出かける前にこの浸出液を作りましょう。翌日、冷たい液が目の腫れや疲れを撃退してくれます。（冷蔵庫で2、3日もちます。）いざとなれば、冷えたカモミールのティーバッグを使うこともできます。使用前に湯に浸し、冷蔵庫で冷やしてください。

乾燥したカモミールの花　10g
濾過した雨水
　あるいはミネラルウォーターを沸騰させたもの

　マグカップに花を入れ、熱湯を注ぎます。冷めたら、漉しながら殺菌した広口瓶に移し、冷蔵庫に入れます。冷えた液にコットンを浸し、余分な水分を絞り、15〜20分間目にあててください。（コットンボールではなく、コットンパッドを使うこと。パッドのほうがアイゾーンにうまくフィットします。）効果を高めるため、目のまわりの骨を軽く指先でたたいてください。

疲れ目を癒すジャガイモ・アイパック

　ジャガイモには、目の腫れを引かせる鬱血緩和作用があります。熱いスライスよりはむしろ（伝統的にそうアドバイスされていますが）、薄いスライスのほうが肌とうまく重なり合うため、ずっと効果的でしょう。

　生のジャガイモ1/4を、肌にうまく添いやすいように5〜10枚に薄くスライスします。濾過した水を目の部分に吹きつけ、目のまわりにジャガイモのスライスを並べてください。10〜15分そのままにし、腫れが引くのを待ってください。

目を生き返らせる
バラの花びら・アイパック

　目のすぐそばで使用するため、バラの花びらは殺虫剤などがスプレーされていないものを用意することが極めて重要です。市販用に栽培されたバラは必ず殺虫剤が吹きつけられているので、避けてください。（この目の治療には乾燥したバラの花びらを使用してもかまいません。ただし、この場合も、必ずオーガニックのものにしてください。）

バラの花びら（スプレーされていないもの）
ローズウォーター　数滴

　すり鉢にバラの花びらを入れ、ローズウォーターを1滴ずつ加えながらすりこ木で潰し、あまり緩くないパックとして使える程度にします。どこか落ち着く場所に横になり、目を閉じ、潰したバラを少量手に取り、瞼にのせて落ち着かせます。15〜20分間ゆっくりとリラックスしてから、水でバラを洗い流してください。目は癒され、楽になるでしょう。（他に目の腫れを取る効果的な方法として、バラを潰すとき、ローズウォーターの代わりにキュウリの搾り汁を数滴用いることもできます。）

助言

朝、目が腫れていたら、スーパーモデル、リンダ・エヴァンジェリスタの本の例にならって、角氷に手を伸ばしてください。氷をラップに包み、それを使って内側から外側へと瞼をマッサージしてください。その冷たさがすばやく腫れを軽減してくれます。

目

アイブライトの
アイ・ブライトナー

目に疲れを感じるとき、すばやく簡単に元気を取り戻すことができます。この浸出液は冷蔵庫に保管して3～4日もちます（それ以上は無理です）。

乾燥したアイブライトの花　10g
濾過した雨水あるいはミネラルウォーター　225ml

鍋に花を入れ、水を加えます。火にかけて沸騰したら、5分間煮てください。冷まし、漉して殺菌した広口瓶に移します。コットン2枚をこの液に浸し、よく絞ってから瞼にあて、5～10分間置きます。

ハーブのアイ・ピロー

眠りにつきたいときに、自宅でのバスタイムに、あるいはいつでもリラックスしたいときに、このアイ・ピローを試してみてください。植物の重みが目を、さらには心を静めてくれるような気がするでしょう。これは素敵な贈り物にもなります。このハーブ・ピローは約1年もつはずです。次にラベンダーのシーズンがやってきたら、また新しく作りましょう。

シルクあるいは天然素材の布（綿や麻）　25cm
乾燥したラベンダーの花
　（あるいは、ラベンダーと亜麻仁の同量をミックスしたもの）　150g
ラベンダー・エッセンシャルオイル　6滴（任意）

布を約22×13cmの長方形2枚に切ってください。中表に合わせ、手あるいはミシンで縫い代を1センチ取り、封筒のような形の縫い合わせ袋を作ります。それを表に返します。ボウルに亜麻仁とラベンダーの花を入れ、ラベンダー・エッセンシャルオイルを1滴ずつ加えてかき混ぜ、（じょうごを使って）袋に入れます。最後に袋の残りの1辺をきちんと手で縫い合わせてください。

アイブライト
Euphrasia officinalis

アイブライトは、その名が示すように、目にとても役立つハーブです。自然の牧草地で育ちますが、かわいらしい青みがかった白い花をつけるこのハーブを庭の荒れた草深い片隅に植えることも可能です。ただし、あまり手をかけてはいけません。手をかけなければ、乾燥したハーブがとても役に立つでしょう。アイブライトの力は14世紀にすでに記録されており、当時はあらゆる"目の邪"に役立つと思われていました。このハーブは、皮膚組織の修復を助けるミネラル亜鉛が豊富です。これは、このハーブが目のまわりのデリケートな肌のケアによいという説明になるでしょう。また、アイブライトは皮膚の殺菌剤としても優れています。

助言

このページのハーブのアイ・ピローはどんな自然素材でも作ることができますが、シルクは特に肌に優しく、肌を癒してくれます。シルクのクレープデシンのような年代ものの布は美しいアイ・ピローになるでしょう。次ページの写真にあるのは、古い着物地で作ったものです。

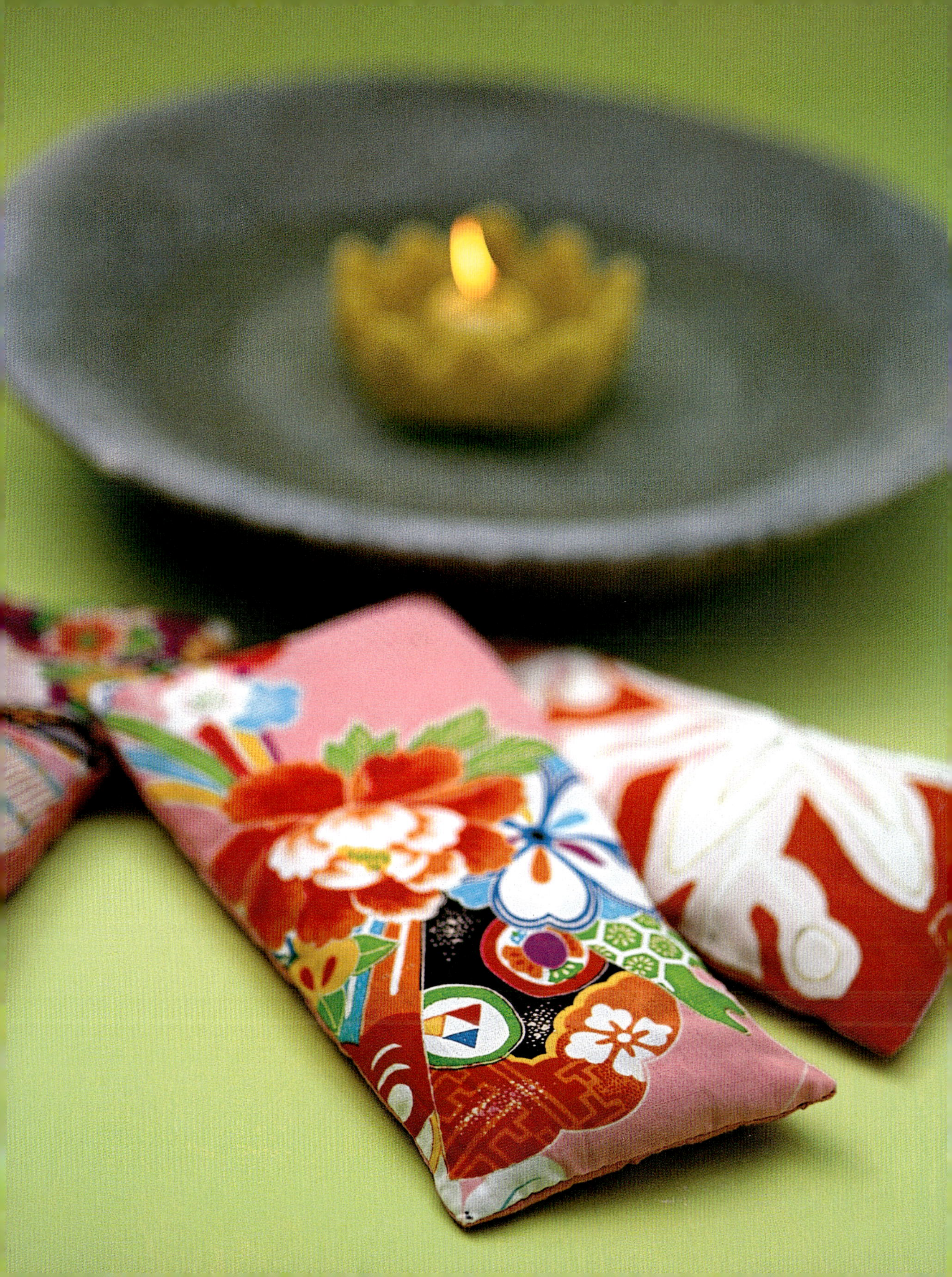

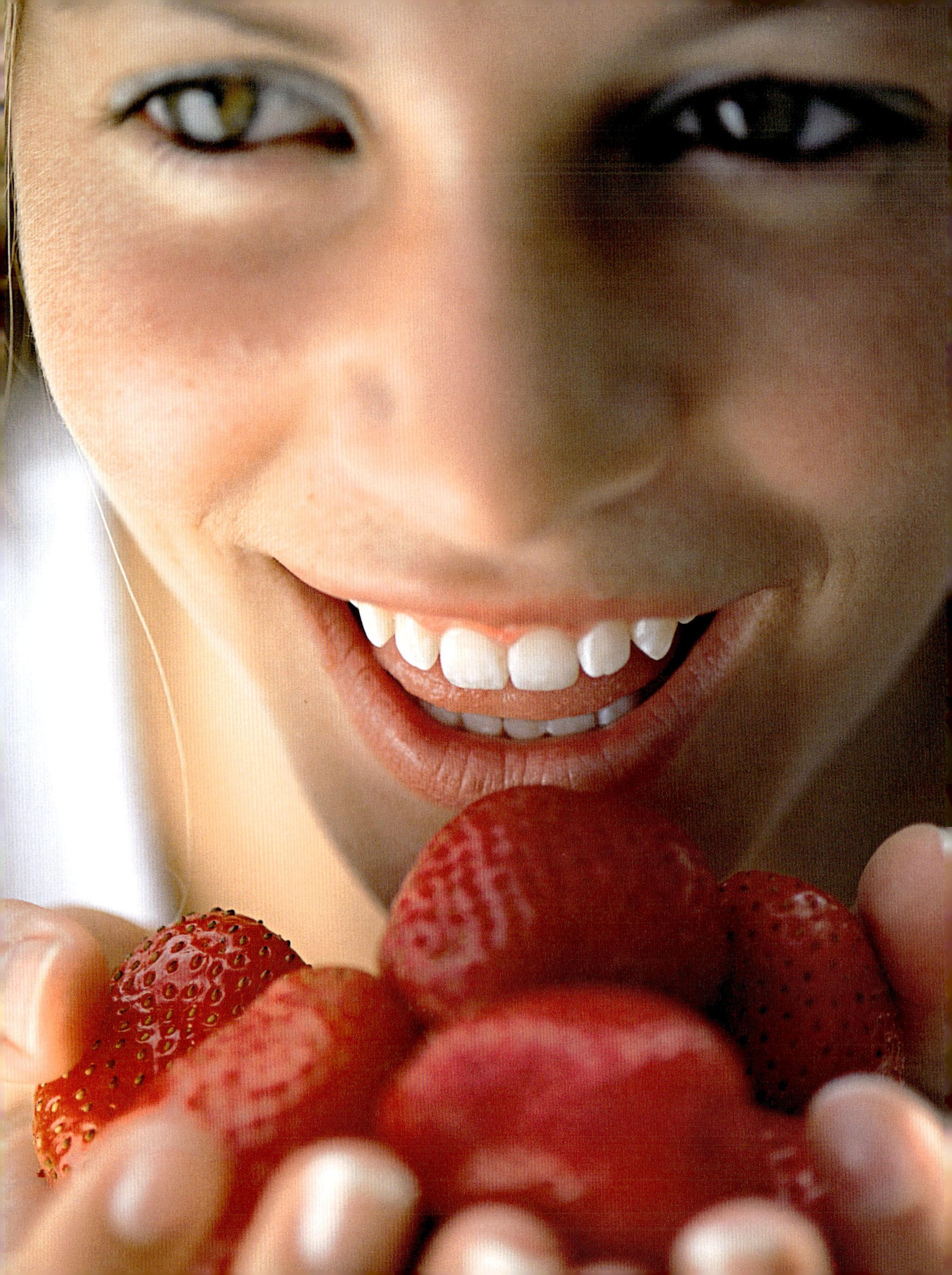

笑顔を輝かせる
イチゴのブライトナー

　これは特別な時間の前に使用すると、すばらしく効果的です。不思議に聞こえるかもしれませんが、イチゴは本当に歯を輝かせ、歯のしみを取り除きます。それは、イチゴに含まれるリンゴ酸に収斂性があるからです。もちろん、歯科医による美白トリートメントと同様の効果は期待できませんが、あなたの歯が断然明るく輝いて見えるのは確かです。

熟したイチゴ　1個
ベーキングパウダー　小さじ1/2

　イチゴを潰してどろどろにし、ベーキングパウダーを混ぜ合わせます。これをやわらかい歯ブラシで歯に塗り、5分間置きます。それから、ブラシで完全に落とし、たっぷりの水でよくすすいでください。

歯が大好きなもの…

- 新鮮なセージ。セージの葉で歯をこすると、より明るく、白くなります。
- ラズベリー。ラズベリーを食べると、歯垢を分解するのに役立つと評判です。
- 新鮮なスペアミント。スペアミントの葉をかむと、歯を白くし、歯肉の調子を整え、口臭を防ぐのに役立ちます。

助言

カレンデュラ・ティーのマウスウォッシュは口内炎や歯肉の疾患の治療によく効きます。

ハーブの
歯磨き粉

　重曹(重炭酸ソーダ)は歯をきれいにすることでよく知られています。ハーブの香りの歯磨き粉は簡単に作ることができます。私は、サッカリンや合成香料を含む市販の歯磨きペーストよりもこの歯磨き粉を気に入っています。

カオリン・パウダー　100g
重曹　100g
乾燥したラズベリーの葉　10g
乾燥ハーブ(スペアミント、セージ、フェンネル、
　ペパーミントから好みのものを)5g
ミルラ・パウダー　5g
乾燥したイエロードック　5g
ペパーミント・エッセンシャルオイル
　(ミントを使う場合)　5滴
セージ・エッセンシャルオイル(セージを使う場合)　5滴
スイートフェンネル・エッセンシャルオイル
　(フェンネルを使う場合)　5滴

　カオリン・パウダーと重曹をボウルに入れて混ぜ合わせます。ハーブをコーヒーミルかスパイスミルに入れ(あるいはすり鉢とすりこ木を使って)粉状にします。2つの乾燥材料を一緒にし、空気を入れながら泡立て器でよくかき混ぜます。選んだハーブと同じハーブのエッセンシャルオイルを加え、再び混ぜます。清潔なタオルか布でボウルをおおい、1晩寝かせてください。朝、もう1度簡単にかき混ぜ、殺菌した瓶に移します。朝晩、歯ブラシにこの歯磨き粉を少量振りかけ、いつものように磨いてください。

笑顔

ローズマリーとミントの
マウスウォッシュ

　これも他のマウスウォッシュ同様、ぐいと口に入れ、すすぎ、ごぼごぼとうがいをして使用しますが、アルコールベースのマウスウォッシュ（口の中を乾かし、自然の"フロラ"のバランスを実際にくずす）と違い、体に優しく、同時に効果的です。グリセリンは自然の甘味料として働きます。

新鮮なローズマリー　25g、あるいは乾燥ローズマリー　10g
新鮮なミント　25g、あるいは乾燥ミント　10g
濾過した水あるいはミネラルウォーターの熱湯　1ℓ
植物性グリセリン　30mℓ
ペパーミント・エッセンシャルオイル　10～12滴
ミルラ・エッセンシャルオイル　5～10滴

　ハーブと熱湯で浸出液（p.153参照）を作ります。冷めたら、グリセリンを加えて混ぜてください。それにエッセンシャルオイルを垂らし、殺菌した瓶に移します。使用前によく振り、2週間経ったら残りは捨ててください。（飲んでも害はありませんが、飲まないでください。）

助言

次の方法なら、うまく息をさわやかにすることができるでしょう。小さな新鮮なパセリをかんでください。（料理のつけ合わせに使われるこのハーブには、悪臭の原因となる細菌を殺す緑の植物に含まれる成分、葉緑素が豊富です。）あるいは、乾燥クローブ、フェンネルの種、ジュニパーの実をかんでください。あとは、刻んだクレソンを入れた水で口をすすぎましょう。

ローズマリー
Rosmarinus officinalis

　ローズマリーのすばらしい効果は息をさわやかにすることだけではありません。ハーバリスト、カルペパーは"皮膚の発疹、しみ、傷を取り除く"のにローズマリーを勧めました。これはなかなかいい線だと言えるでしょう。現代科学では、ローズマリーには弱い毛細血管を強くするのを助け、さらには損傷のある血管を表面上消し去る活発な成分が含まれていることが確認されています。ローズマリーは肌や頭皮を大いに元気づけてくれます。お風呂に入れれば、あるいは、よく晴れた夏の日にローズマリーの茂みをかすめたら、感覚に鋭く働きかけ、たちまちエネルギーを湧きおこします。（中には、刺激が強すぎるという人もいるでしょう。顔のパックにローズマリー・エッセンシャルオイルを使う場合、多量に使用すると刺激があるかもしれませんので、1～2滴に抑えてください。）また、ローズマリーの小枝を湯に浸し、お茶を飲めば、すぐに元気が出るはずです。ローズマリーには若返り効果もあるかもしれません。『バンクス・ハーバル』（1525）には、"しばしばこの香りをかげば、若さを保てる"と記されています。

　植木鉢や庭でこのハーブを育てるなら、2つのことを覚えておいてください。ローズマリーは（多くのハーブ同様）根元が湿るのを好みません（つまり、水はけをよくする必要があります）。また、ひょろりと伸びるのを避けるために、晩夏には刈り込みましょう。枯れたローズマリーの木は切り戻しても生き返らないので、切り戻しは毎年行ってください。ローズマリーという名は"海の露"という意味のラテン語からきたものですが、私はこの由来をとても気に入っています。（だから、ローズマリーは海岸沿いをとても好むのでしょう。）

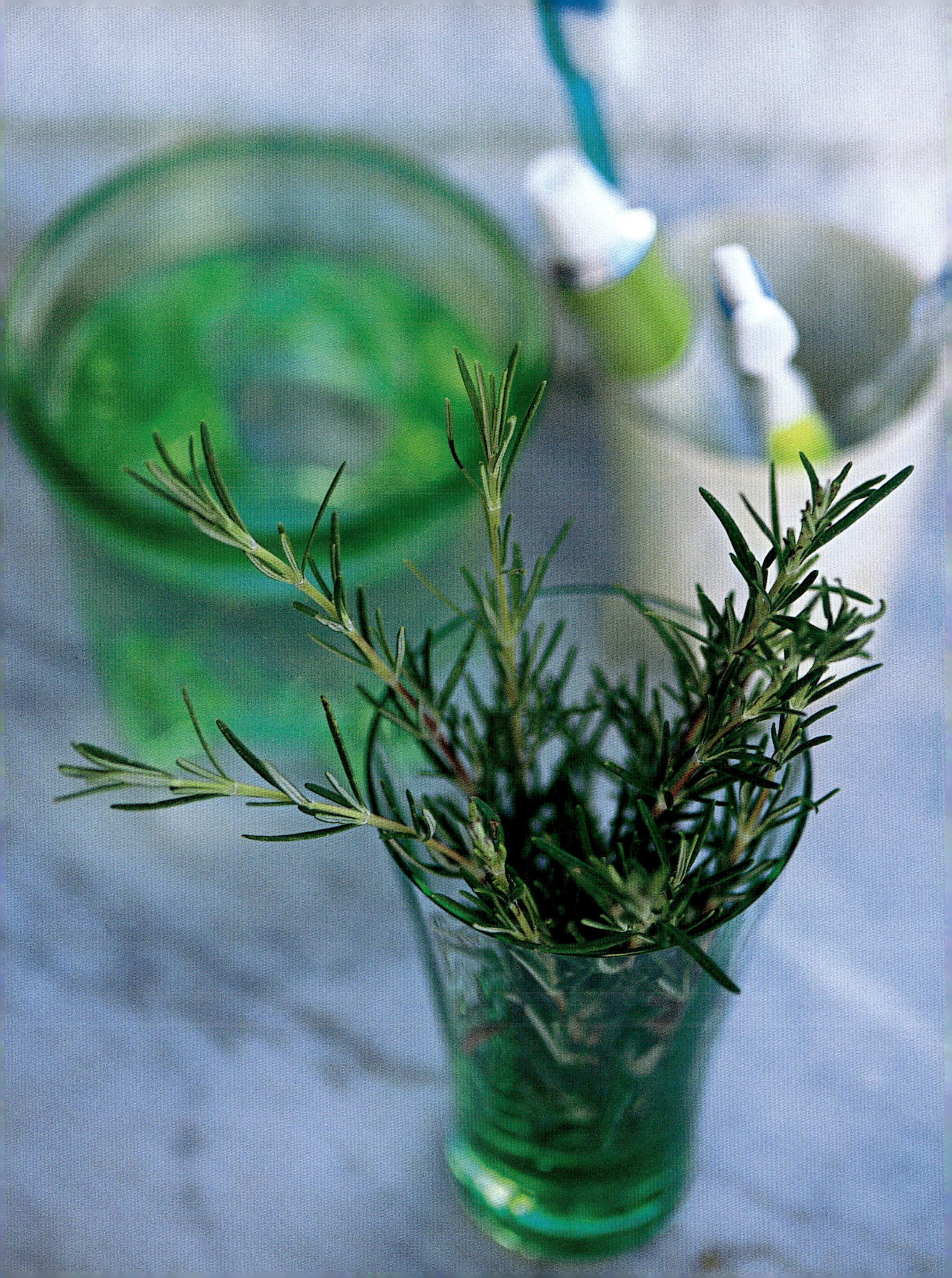

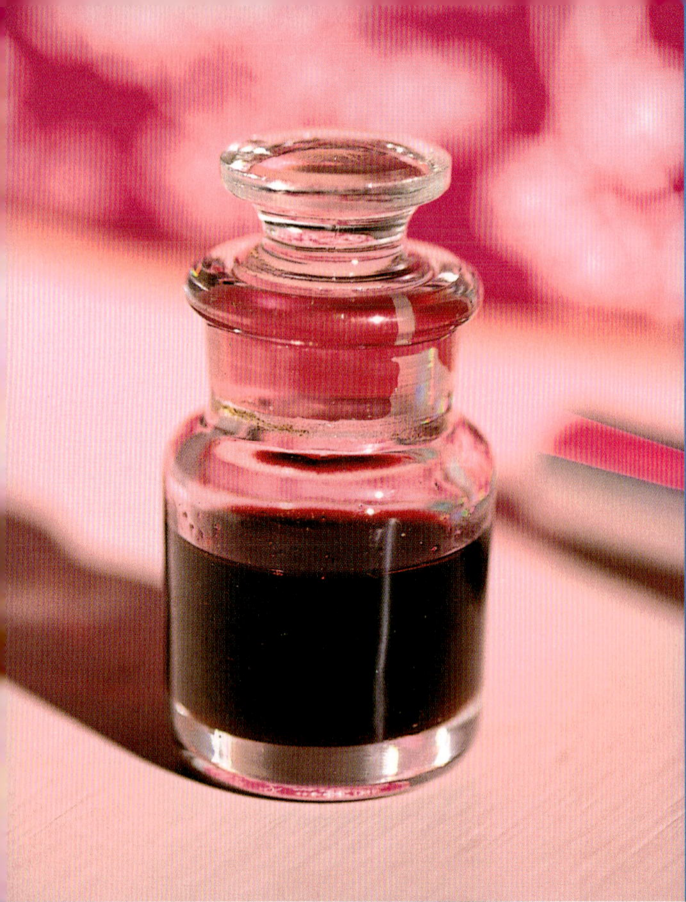
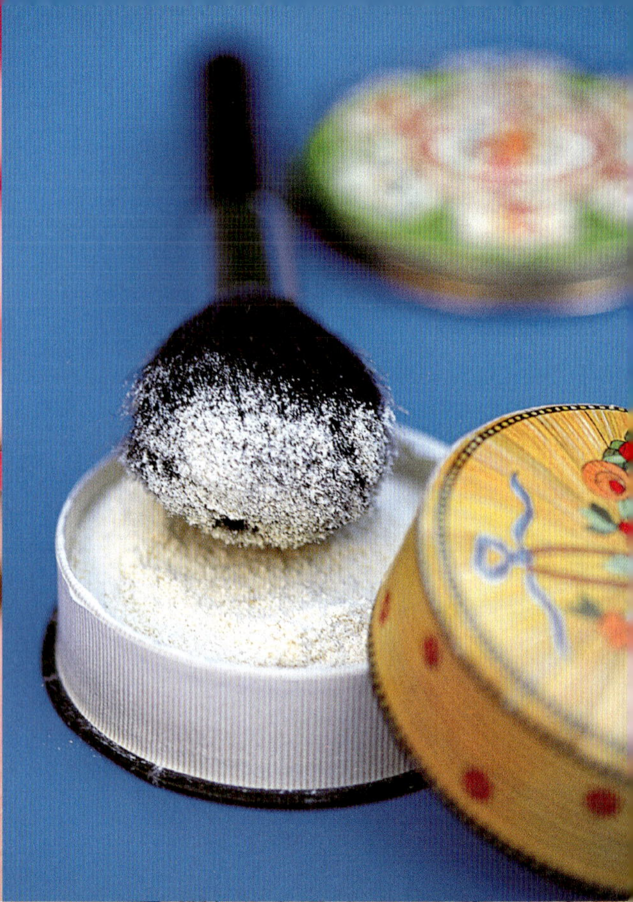
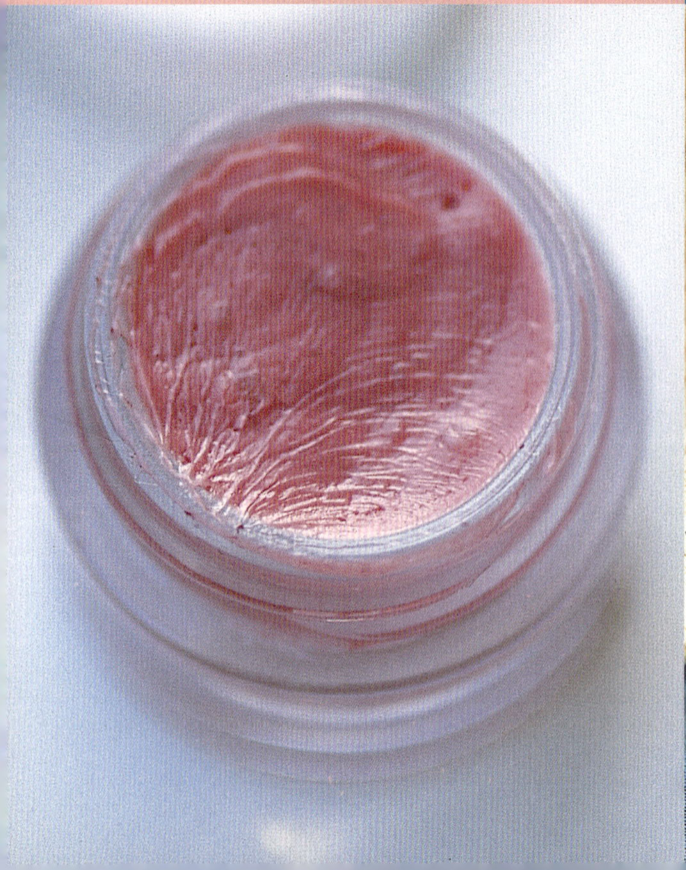
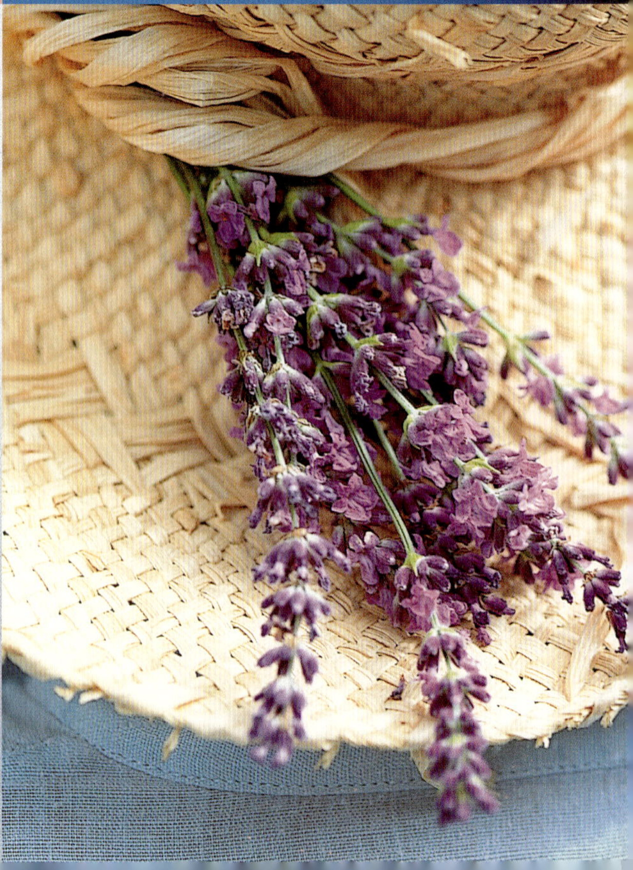

メイクアップ

　ホリスティックなスキンケアをしていると──つまり、よい食生活、適切な呼吸、適度な運動をし、刺激物や合成化学製品の使用を最小限にしていると、メイクはあまりしない方がいいと思うはずです。それは事実です。多くの石油化学成分は毛穴をふさぎます。ところが、自然の成分は肌を呼吸させ、正常に機能させてくれます。ここでは毎日のメイクアップ用品の代わりになるものを紹介しましょう。また、どこに行けばちゃんとした自然材料によるアイシャドウ、ペンシル、マスカラを買えるかもお教えします。こういったものは自宅で作るのはちょっと大変でしょうから……。

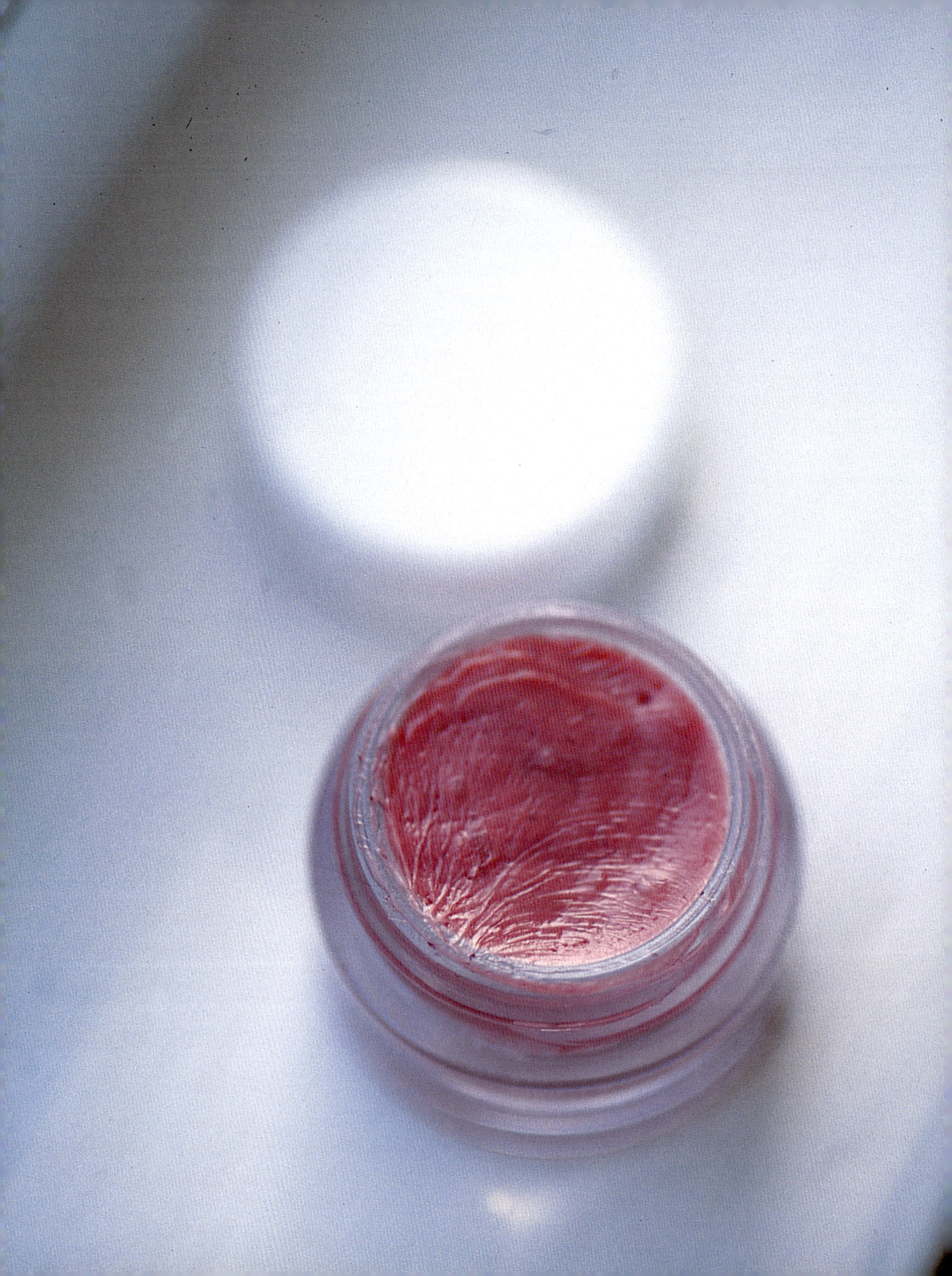

メイクアップ

自然の力で美しく

すでに述べましたが、自然の力で優しく肌を手入れしていると、始終メイクをしているべきではないと感じるでしょう。しかし、ファンデーションやアイシャドウやペンシルのようなメイクアップ用品は、自宅では満足に作れません。そこで、こういったメイク用品をつける必要は感じるけれども、究極のナチュラル・ビューティを目指したいという人には、アヴェダの商品（石油化学成分を使用していない）をチェックすることをおすすめします。また、カルト的な自然化粧品ブランド、ドクター・ハウシュカは真の自然派といえる充実したメイクアップ・コレクション（ファンデーションからリップグロスまで）を揃えています。ジェーン・アイルデールのメイクアップ用品もまたすばらしく、これは粉末にした鉱物色素がベースになっています。たとえば、やはり独自のナチュラル美用法の指導者の1人である私の友人、レスリー・ケントンがジェーン・アイルデールのアメイジング・ベース・ルーズ・ミネラルズSPF20を教えてくれたのですが、これはさっと肌にひと刷けするだけで不完全な部分を隠してくれます。これは、1つでコンシーラー、ファンデーション、パウダー、サンスクリーンの役割を果たします。"アメイジング（びっくり）"という名に実にふさわしいではありませんか！

つややかなリップグロス

即席で輝きとつやを出すために使ってください。あるいは、さらに深みのある色合いで輝かせるために、口紅の上に重ねて塗ってください。

潰したココアバター　小さじ1
ココナツオイル　小さじ1/2
スイートアーモンドオイル　小さじ1
蜜蝋　小さじ1/2
アロエ・ジェル（自然食品店で入手できます）　小さじ1

ココアバターが固まっていれば（周囲の気温が低いと固まる傾向があります）まず、おろし器（マイクロプレインが最高です）でおろします。ココアバター、ココナツオイル、アーモンドオイル、蜜蝋を二重鍋（p.153）に入れて加熱し、溶かします。溶けたら、火からおろし、アロエ・ジェルを入れてかき混ぜてください。全部がよく混ざり合うように泡立てましょう。それを殺菌した小さな容器に入れ、完全に冷ましてください。

ピンクのリップティント

ビートルート（ビートの根）はすばらしいストロベリーピンクのリップカラーになります。私はこのリップカラーに夢中です。まず、処理したビートルートをおろして汁を取るか（必要量より多く取ってください）、あるいは、自然食品店で入手できる瓶入りの純粋なビートルートジュースを使ってください。

スイートアーモンドオイル　大さじ2
蜜蝋　10g
ビートルートジュース　大さじ1
（淡い色にしたい場合は少なめに）
ペパーミント・エッセンシャルオイル　4滴

二重鍋（p.153参照）にオイルと蜜蝋を入れ、ゆっくり加熱してください。火からおろしたら、ティースプーンで少しずつビートルートジュースを加え、好みの色にしていきます。フォークか小さな泡だて器でよくかき混ぜてください。最後にペパーミント・エッセンシャルオイルを加え、もう1度かき混ぜ、殺菌した小さな容器に移します。

メイクアップ

ビートルートとグリセリンのチークとリップのティント

　ベネフィット・コスメティックスは、海辺の散歩から戻ったような頬の輝きを感じさせる透明な液体のチークカラー、"チークティント"の概念を普及させました。そこで、私はすべて自然成分でできたティントを作りたいと思いました。これがそれです。

生のビートルートをおろしたもの　45g
植物性グリセリン　大さじ3

　二重鍋（p.153参照）の内側にビートルートとグリセリンを入れます。15分間弱火にかけ、冷めたら漉して小さな水差しに入れます。それを密封できる瓶に移してください。使用前に振り、よく混ぜながら、軽くたたくように頬につけてください。唇にも撫でるようにつけてください。おいしい味がします。私は、つややかなリップグロス（p.71参照）で仕上げるのを気に入っています。

バラの蕾のリップ

　この魅惑的なリップスティックの紫がかったピンク色はアルカネットによるものです。

オリーブオイル　75mℓ
ホホバオイル　大さじ1
乾燥したアルカネットの根を刻んだもの　45g
蜜蝋　20g
ローズ・エッセンシャルオイル　9滴

　2つのオイルを二重鍋（p.153参照）に入れ、約10分間弱火にかけます。火からおろし、アルカネットの根を加えて約30分間浸し、根から色を引き出します。モスリンの布でオイルを漉し、使った根は堆肥にしましょう。オイルを二重鍋に戻し、蜜蝋を加えます。蜜蝋が溶けたら、火からおろし、ローズ・エッセンシャルオイルを1滴ずつ加えてください。殺菌した小さな瓶などの容器に移します。完全に冷めたら、蓋をしましょう。

アルカネット（アルカンナ）
Alkanna tinctoria

　スパニッシュビューグラスという名でも知られるアルカネットは、リップバームのように色合いがほしいときに役立ちます。赤みのある染料はこの植物の太いニンジンのような根から採ることができます。この根は、化粧品（p.146参照）に利用する前によく乾燥させなければなりません。アルカネットは肌を落ち着かせます。虫刺されなどは、新鮮なこのハーブ（茎、葉、花、その他）を潰して皮膚にあてれば、不思議なほど楽になります。また、先の黒くなったきびや汚れの詰まった毛穴を開くのはもちろん、湿疹にも効くと言われています。

　もしこの植物あるいは種を入手したら、庭で一番日当たりのいい乾燥した砂っぽい場所に植えてください（ただし、酸性土壌は嫌います）。2年生植物なので、深みのあるラピスラズリブルーの花が咲くのは植えた翌年の盛夏から晩夏にかけてでしょう。（葉はちょっとボリジに似て、小さな細い毛に覆われています。実際、両者は同じ科に属します。）アルカネットは荒地などに咲いていることがあります。ですから、常に周囲に目を配りましょう。

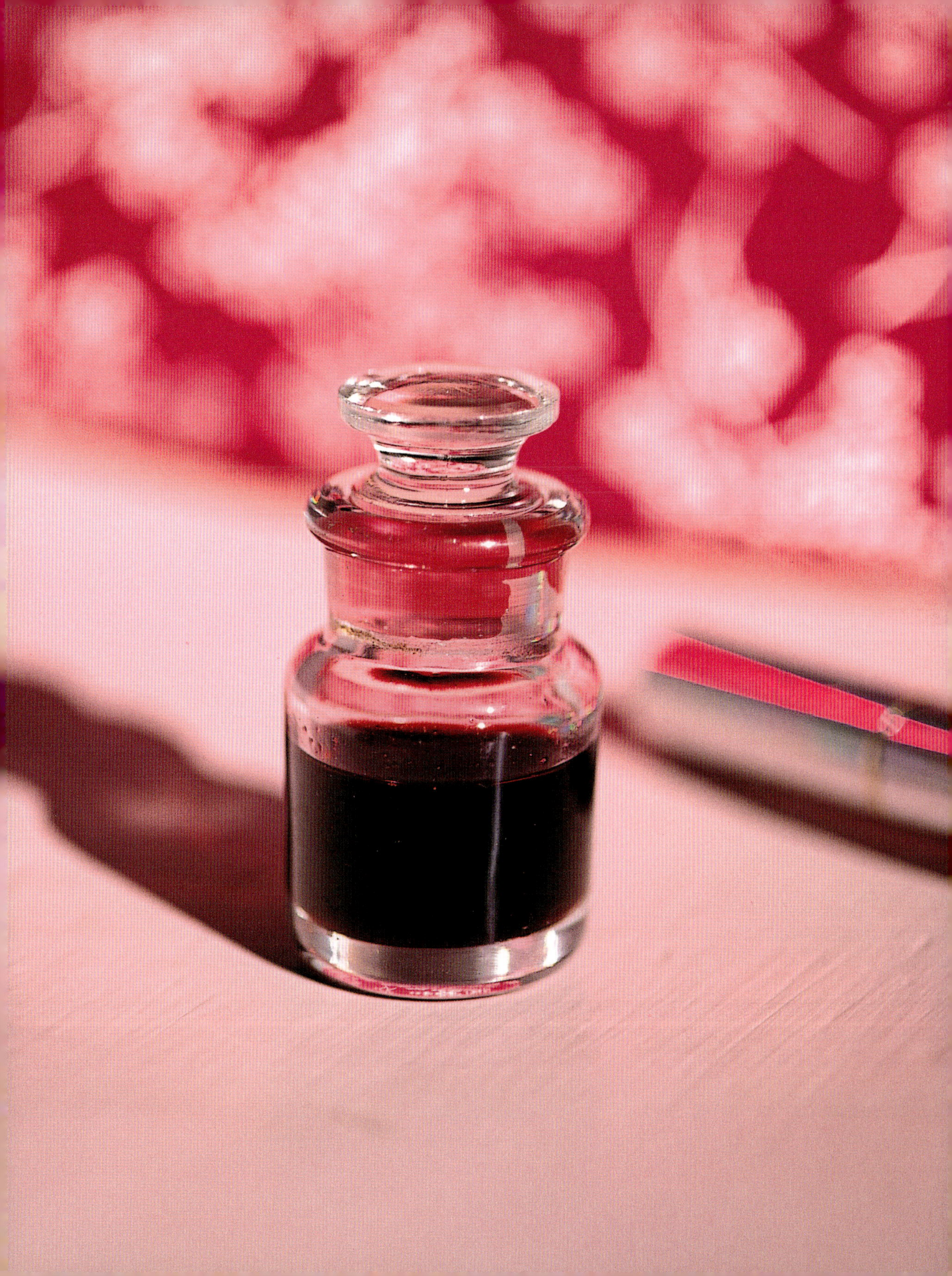

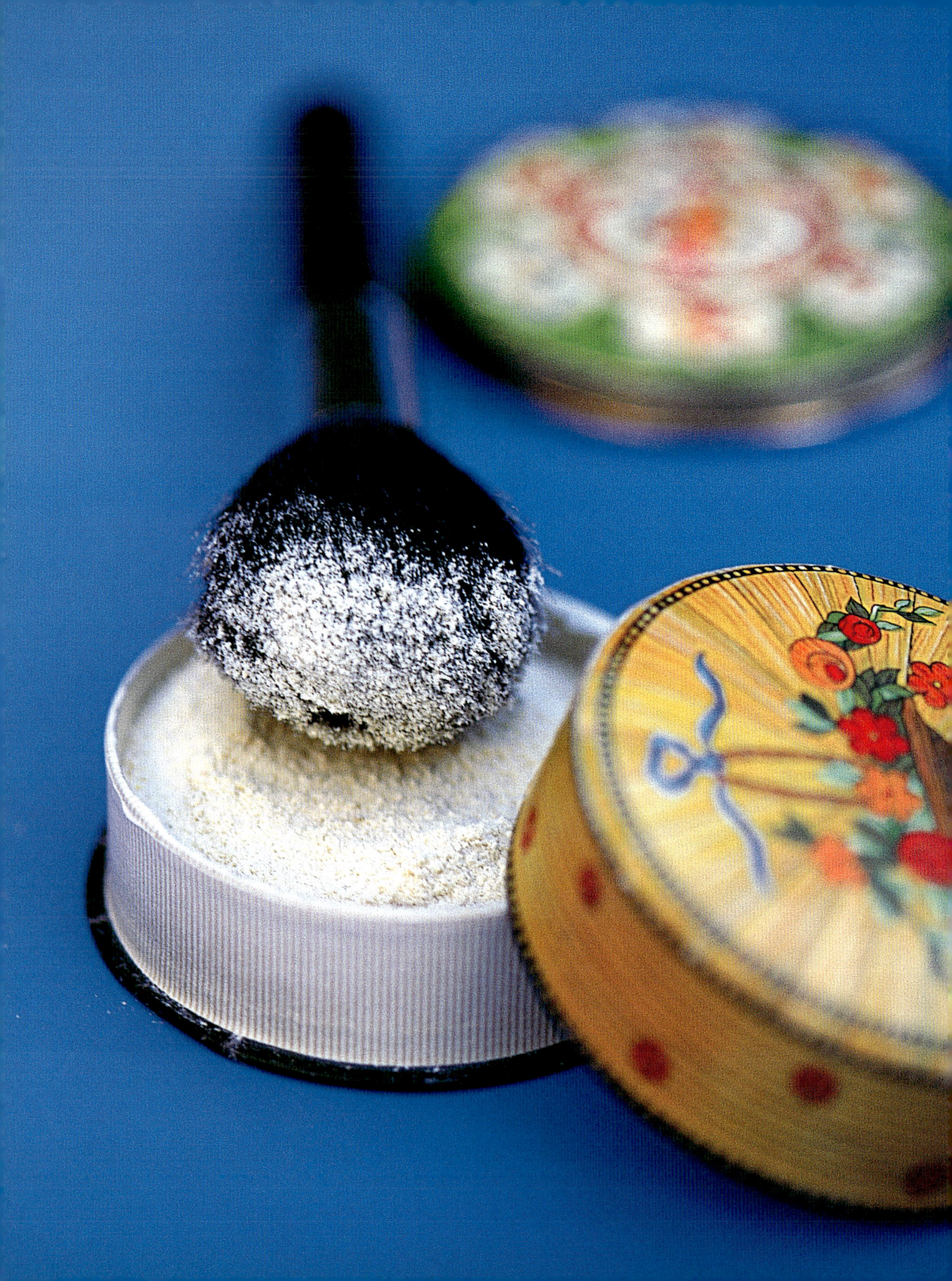

タルク

たいていのフェイスパウダーには鉱物ミネラルであるタルクやケイ酸マグネシウムが含まれています。これは呼吸器の問題と関連づけられることがありますが、現在では環境問題も心配されています。インドでは、(Health WHICH？誌によれば）タルクの不法な採掘によってトラの住環境が脅かされています。さらに、ボディパウダーにタルクを使用することに対し、健康問題がささやかれています。健康の専門家の中には、卵巣癌の原因になる可能性があると信じる者もいます。確かに、タルクベースの製品を使用するなら、パウダーが空中に漂っている間は息を止めているべきでしょう。そして、女性の"大切な部分"には決してパウダーをはたかないことです！

素敵なフェイスパウダー

この香りのよいフェイスパウダーは、ファンデーションを"落ち着かせる"ために、また、肌を輝かせたいときに、使ってみてください。

ライス・パウダー　10g
オリス根パウダー（ネニオイイリスの根の粉末）　25g
乾燥したラベンダーの花　25g

すべての材料をネジ蓋つきの容器に入れ、何度もよく振ってください。1〜2週間、毎日これを繰り返してから、パウダーをふるいにかけ、ボールに移します。ラベンダーの花は潰さないでください。花は香りをパウダーに移したいだけなのですから。パウダーはベルベットのパフかやわらかいブラシで肌につけてください。

助言

てかりを抑えるのに、必ずしもパウダーは必要ではありません。もし肌が脂っぽくなったり、てかりが出てきたら、2枚重ねになっているティッシュをはがし、1枚をTゾーンに乗せてください。肌にそっと押しつけると、油分だけが取れ、あらたにパウダーをつける必要がないことがわかるでしょう。

メイクアップ

セージの睫毛コンディショナー

　このオイルは、つやを出すために眉に使用することもできます。セージにはかすかに色を濃くする効果もあるため、これをしばらく使用すると、マスカラや眉ペンシルはそんなに必要ではないと感じるかもしれません。

新鮮なセージの葉　25g、あるいは乾燥したセージ　10g
濾過した雨水あるいはミネラルウォーター　75mℓ
エキストラバージン・オリーブオイル　大さじ2

　セージと水を鍋に入れ、火にかけて沸騰させてから10分間煮ます。冷めたら、モスリンの布かキッチンペーパーで漉します。この煎じ液大さじ1を口の小さな瓶に入れ、オリーブオイルを加え、瓶をよく振ってください。毎回使用する前に瓶を振ってオイルと水分を混ぜ合わせる必要があります。毎晩、清潔なマスカラブラシを使ってこのコンディショナーを睫毛につけてください。使用後は、殺菌のため、マスカラブラシを洗ってすすぎ、電気ヒーターの上やタオル掛けの近くで乾かしましょう。

助言

本書のために手作りのマスカラを考えようと実験してみましたが、満足いく結果は得られませんでした。そこで、提案ですが、できるだけ自然成分を用いたマスカラがほしいなら、ドクター・ハウシュカの商品を使ってみてください。すばらしいバラの香りのマスカラはとてもつけ心地がいいでしょう。ただし、ウォータープルーフではないことを覚えておいてください。

セージ
Salvia officinalis

　セージには多数の品種があります。(セージだけでハーブガーデンを埋め尽くすことができるくらい)美を追求する者は、このすばらしい芳香を放つハーブの非常に優れた鎮静効果や収斂性、油分を分解する力を、臭い消しや化粧品、シャンプーなどに利用しています。ヘアリンスに使えば、自然に髪色を濃くするだけでなく、美しいつやを与えてくれます。また、ふけ防止にも大いに役立ちます。一方、セージを詰めたモスリンの袋をバスタブに入れ、その上から湯を注いでみましょう。すると、実にしゃきっとする効果があります。セージは笑顔も輝かせます。1779年の昔、セージは歯のクレンジング剤の材料として『The Toilet of Flora』に紹介されています。

　庭で栽培する場合、セージは大して手がかからず、植木鉢でも地面でもよく育ちます。ただし、ひょろりと長くならないよう、2、3年ごとに植え替える必要があります。ハーブの知識によれば、セージを収穫する一番の時期は、花が咲く直前だそうです。ハーバリストたちは昼前に取り入れることを勧めています。(セージには薬効もあります。セージ・ティーに蜂蜜を加えて飲めば、喉の痛みや胸部疾患に効きます。)ビューティ・ガーデンには必ずセージがあるはずです。

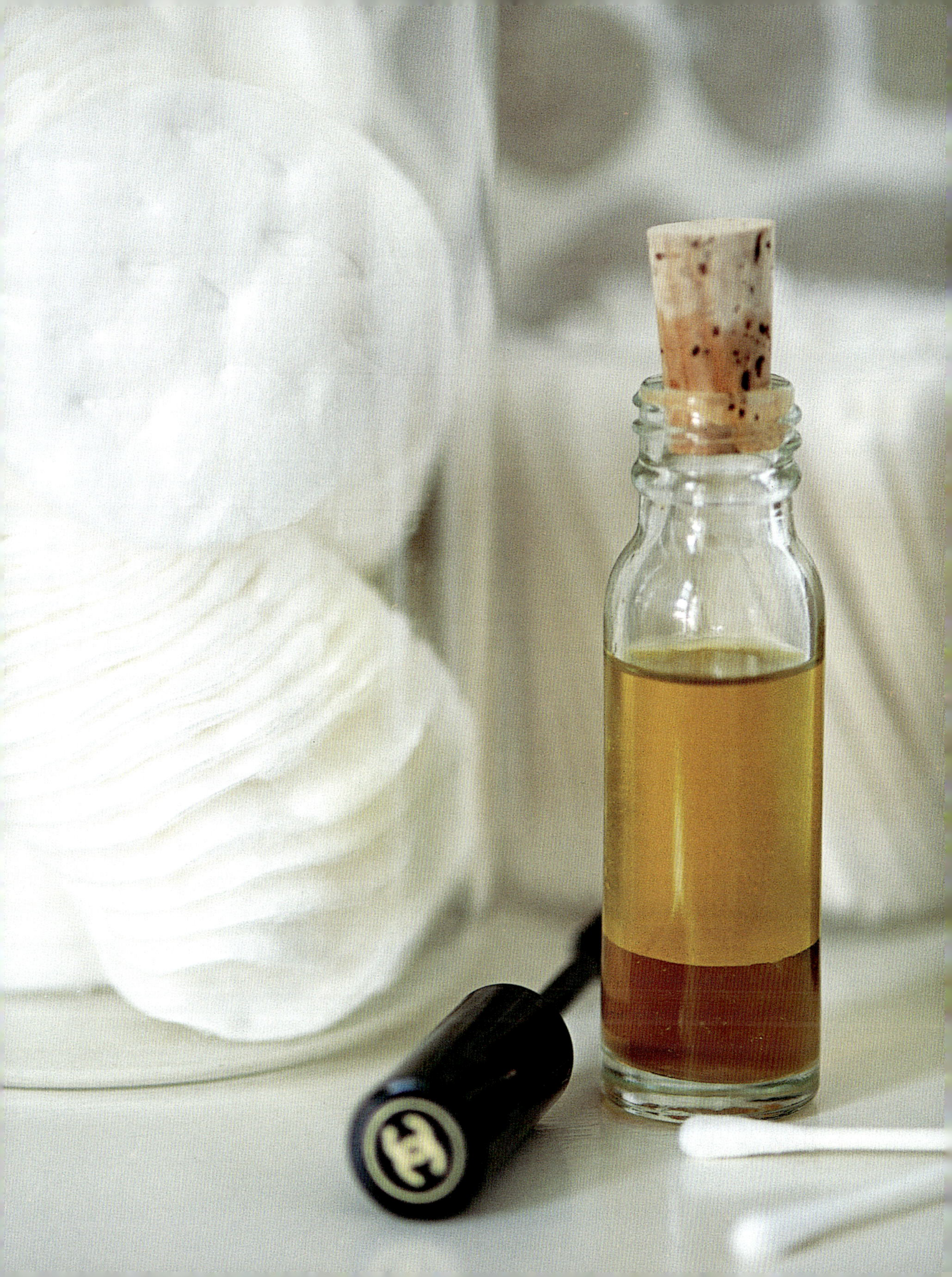

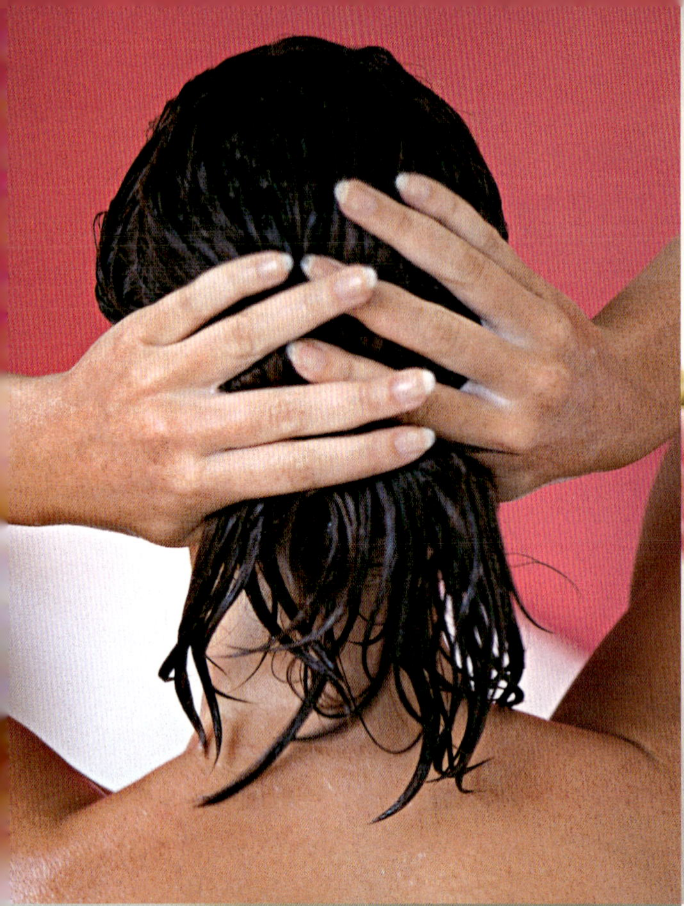
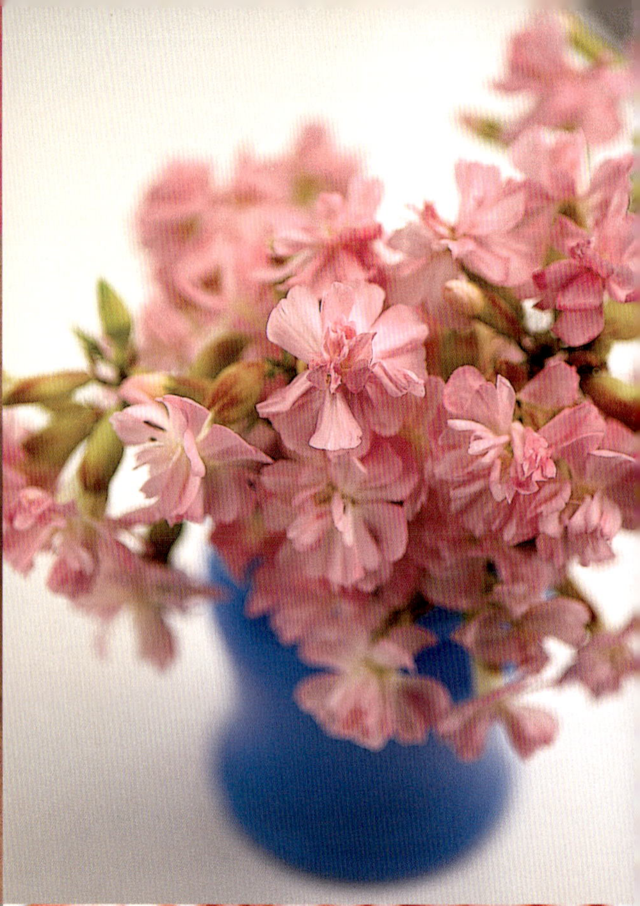
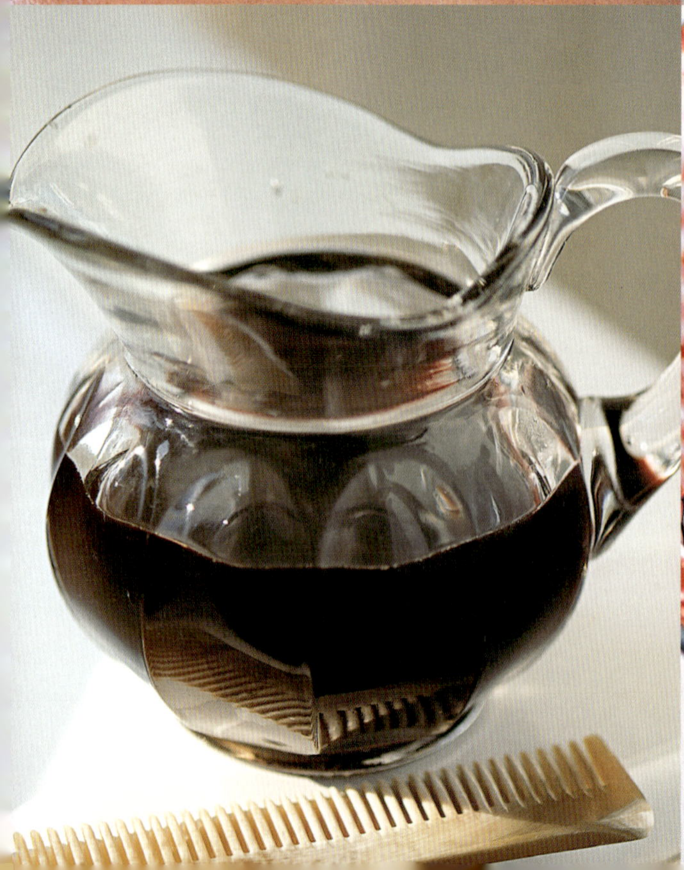
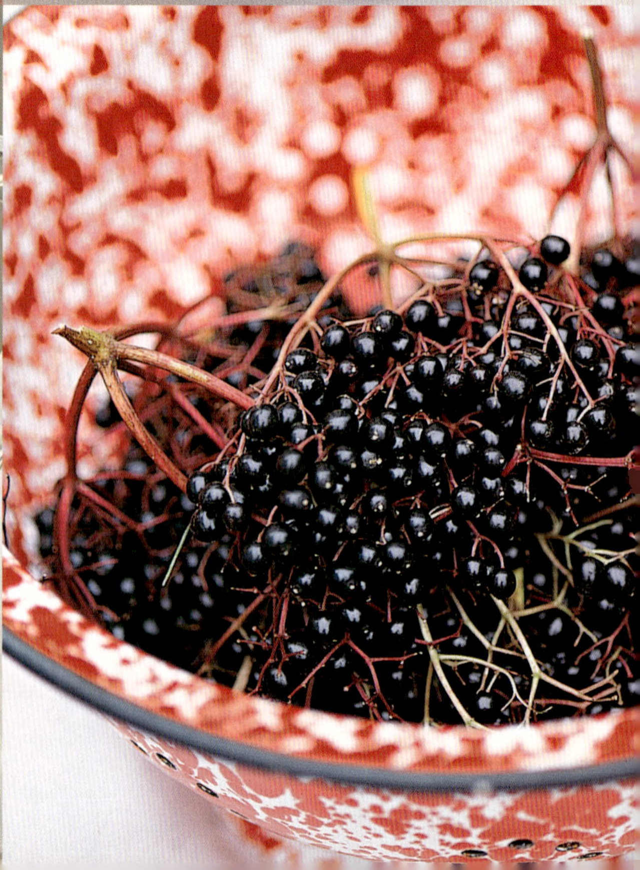

ヘア

　最近のシャンプーには、油分を奪うきつい洗浄剤がしばしば含まれています。それらは頭皮に炎症を起こすこともあれば、ほかの合成成分を簡単に体内に浸透させてしまうこともあります。一方、合成のヘアカラーにも健康上の問題が疑われるものがあります。長期使用に関してまだ問題の結論は出ていません。しかし、もっと優しくヘアケアすることは可能です。もっと優しいシャンプー、豊かなつやを与えるトリートメント剤、自宅で色を高められるトリートメント剤を使うのです。しかも100パーセントナチュラルで植物成分ベースのものを。そうすれば、単にラベルに美しい絵柄が入っているのではなく、瓶には実際に植物成分が入っていることを実感できるでしょう……。

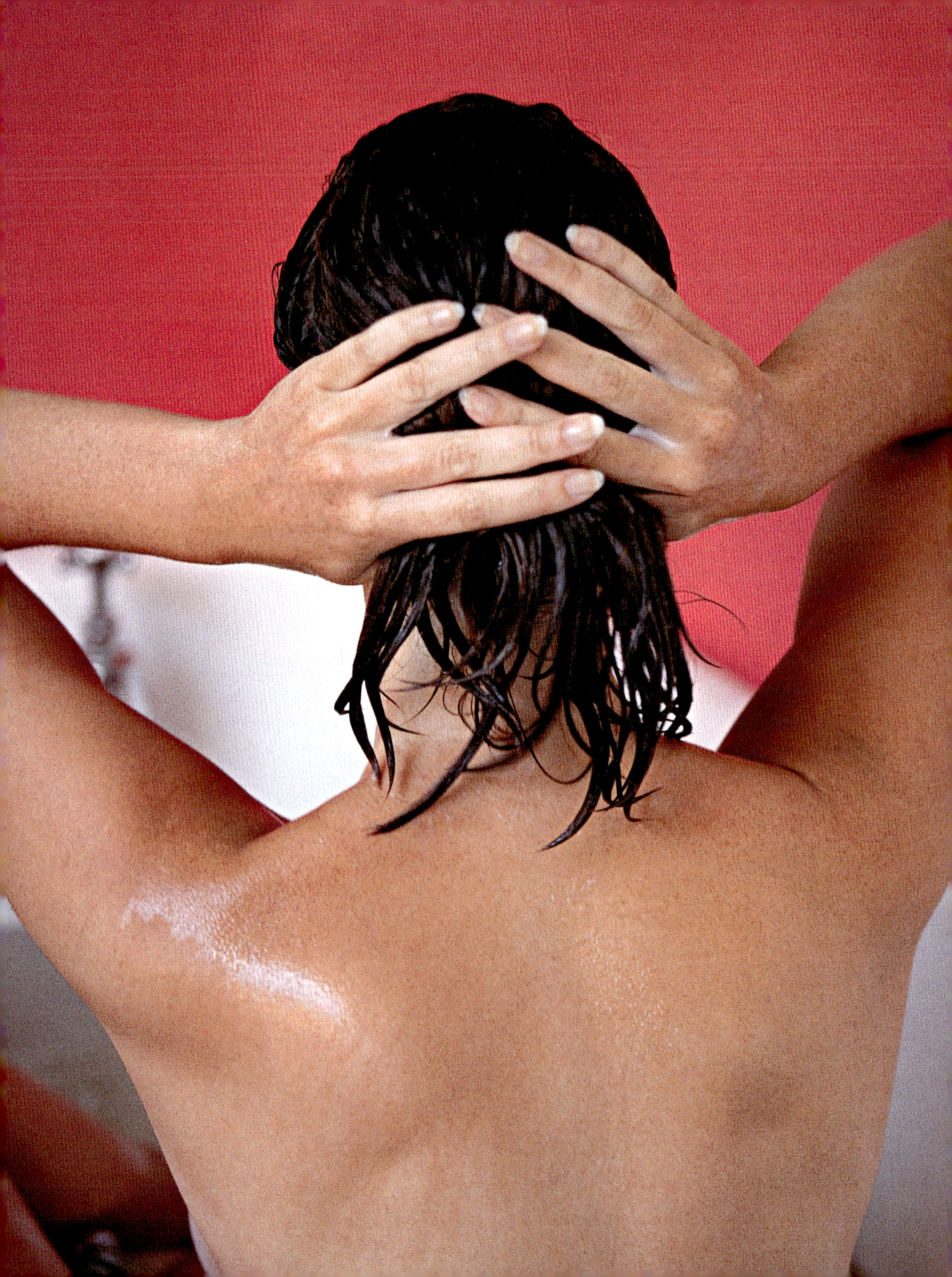

ヘア

ソープワート（シャボンソウ）
Saponaria officinalis

　ソープワートに関する1番のアドバイスはこれです。普通のシャンプーやボディウォッシュのような泡立ちは期待しないでください。しかし、実際、世界中のシャンプー業者が洗脳しようとしているにもかかわらず、肌や髪、頭皮を清潔にするのに山のような泡は必要ありません。ソープワートは目的を完璧に達成してくれます。庭に植えると、ソープワートは白っぽいピンクの花をつけ、夏中花を咲かせます。宿根草で、最終的には80cmくらいまで伸びます。よく気をつけて見てください。ソープワートは、中央および南ヨーロッパでは土手や道路脇で勝手に育ち、驚くほど乾燥に対する抵抗力のあるやっかいな雑草となっています。

　普通、化粧品には葉や根茎のような根が利用されます。葉や根は、採取してからきれいに洗い、日光かごく弱火のオーブンで乾燥させ（p.146参照）、それから煎じ液にします（煎じ液の作り方はp.153参照）。自分で育て、乾燥させるのはあまりに大変だと思うなら、乾燥したソープワートを買うこともできます。また、代わりに、同じように利用できる南アメリカ原産のソープバーク（Guillaia saponaria）で試してもいいでしょう。ただし、注意してください。ソープワートやソープバークが目に入ると、激しくヒリヒリします。（でも、これはたいていのシャンプーに言えることです）

シンプルなソープワート・シャンプー

　これは普通のシャンプーと同じように使ってください。ただし、合成洗浄剤入りのシャンプーよりは多めに必要になるでしょう。また、多量の泡立ちは期待しないでください。ソープワートは少量の泡できれいに洗ってくれます。刺すような痛みを伴うことがあるため、ソープワートの混合液が目に入らないようにしてください。あとはコンディショナーやハーブリンスで整えましょう。

生のソープワートの根を潰したもの　大さじ2、
　あるいは乾燥ソープワートを潰したもの　大さじ1
ハーブ　大さじ2（髪は、エルダーフラワー、フェンネル、ホーステイル、
　ネットル、ローズマリーといったハーブをとても好みます）
エッセンシャルオイル　5滴
　（ラベンダー、あるいはふけが出やすい場合はセージやローズマリー）
濾過した雨水あるいはミネラルウォーター　1.5ℓ

　鍋にソープワートの根とハーブを入れて水を注ぎ、沸騰させます。蓋をし、20〜25分間煮てください。火からおろし、完全に冷めたら、ふるいの上にモスリンの布かキッチンペーパーを敷いて漉します。ハーブのエキスはできるだけ絞り取ってください。エッセンシャルオイルを1滴ずつ加えます。それを殺菌したガラス瓶に移し、よく振ってから、乾燥した冷暗所で保管しましょう。

　髪を洗うとき、1回あたり約200mℓを使用してください。まず髪を濡らし、それから液を両手に取り、よくマッサージして髪を軽く泡立てます。完全に洗い流し、髪を洗ってから2、3日以上経っている場合は、二度洗いします。あとは、ソープワート・シャンプーに使用したのと同じハーブの浸出液（p.153参照）で作ったハーブ・リンスで仕上げてください。冷蔵庫に保管すれば、ソープワート・シャンプーはこの量で、一週間あまりもちます。あるいは、プラスチック容器に入れて冷凍し、必要に応じて解凍してもいいでしょう。

ヘア

オイリーヘア用
応急トリートメント

　髪がSOSを送っているのに、髪を洗ってスタイリングする時間がないというときがあるでしょう？　このひと吹きして手ぐしで整えられるトリートメントはいわばドライシャンプーで、油分を吸い取り、髪をフレッシュによみがえって見せます。ふだんのトリートメントというよりは急いできれいにしたいときの応急処置に最適です。

オリス根パウダー　25g
マロウルートパウダー　25g
ローズマリー・エッセンシャルオイル　10滴

　オリス根とマロウルートのパウダーをネジ蓋つきの粉砂糖ふりかけ器に入れ、エッセンシャルオイルを加え、オイルの滴が消散するまで振ってください。頭を逆さまにして髪をブラッシングします。調合物を少量頭皮に振りかけ、すり込みます。首のつけ根から始め上に進めます。前かがみになり、指で頭皮を軽くたたくようにマッサージしてください。油分を吸い取り、髪にさわやかな香りが残るよう、硬いブラシでブラッシングしましょう。汚れるので、タオルの上か戸外で行ってください。オリス根パウダーは自分で作ることもできますが、長い時間がかかります。オリスは美しい観賞植物Iris florentinaの根茎から作られます。根茎を引き上げ、きれいに洗い、3年間置くと、砕いてパウダー状になります。パウダーはスミレのようなよい香りがします。そんなに待てないという人は——確かに私もこれに関しては"すぐにほしい"と思ってしまうのですが——ハーブ専門店でオリス根パウダーを買ってください。

ハーブの
パワーアップ・シャンプー

　カスティール石鹸は市販されている最も肌に優しい石鹸です。基本的に純粋な石鹸で、穏やかかつ効果的に汚れを落とし、定期的に頭皮をさらすのは避けたいと用心している化学成分は間違いなく含まれていません。ソープワート・シャンプーは作るのにはずいぶん時間がかかりますから、カスティール石鹸にハーブを加えてパワーをぐんと高めることを提案します。髪の健康を保ちながら、きわめて微妙に自然の髪色を美しくします。明るい色の髪にはカモミール、黒っぽい色の髪にはローズマリー、赤い髪にはマリーゴールドです。

乾燥カモミール（ブロンド）、ローズマリー（ブルネット）、
　あるいはマリーゴールド（赤毛）　10g
水　125ml
カスティール・シャンプー　125ml
植物性グリセリン　大さじ1
選んだハーブと同じエッセンシャルオイル　2滴

　ハーブと水で濃い浸出液を作ります（作り方はp.153参照）。それにシャンプーとグリセリンを加え、プラスチックの水差し、あるいは瓶（清潔なからのシャンプーボトルが理想的です）に入れます。エッセンシャルオイルを垂らし、1晩置いて濁らせてください。普通のシャンプーと同じように使い、その後は、もちろん、よくすすぎましょう。

助言

あくまで普通の市販のシャンプーを使いたい場合も、この浸出液を利用し、ハーブの力で効果を高めることができます。

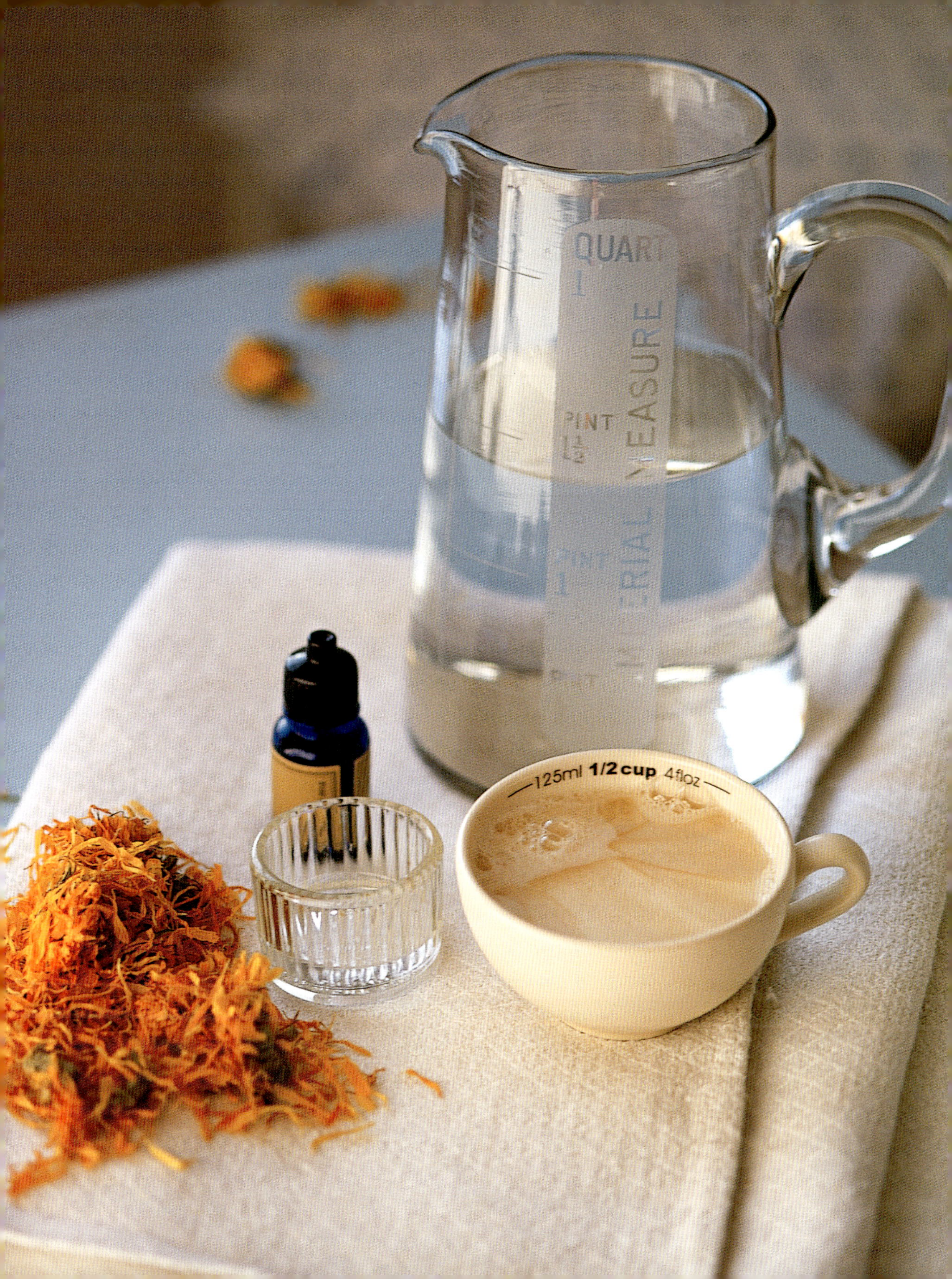
QUART
1
PINT
1½
MEASURE
PINT
1
125ml 1/2 cup 4floz

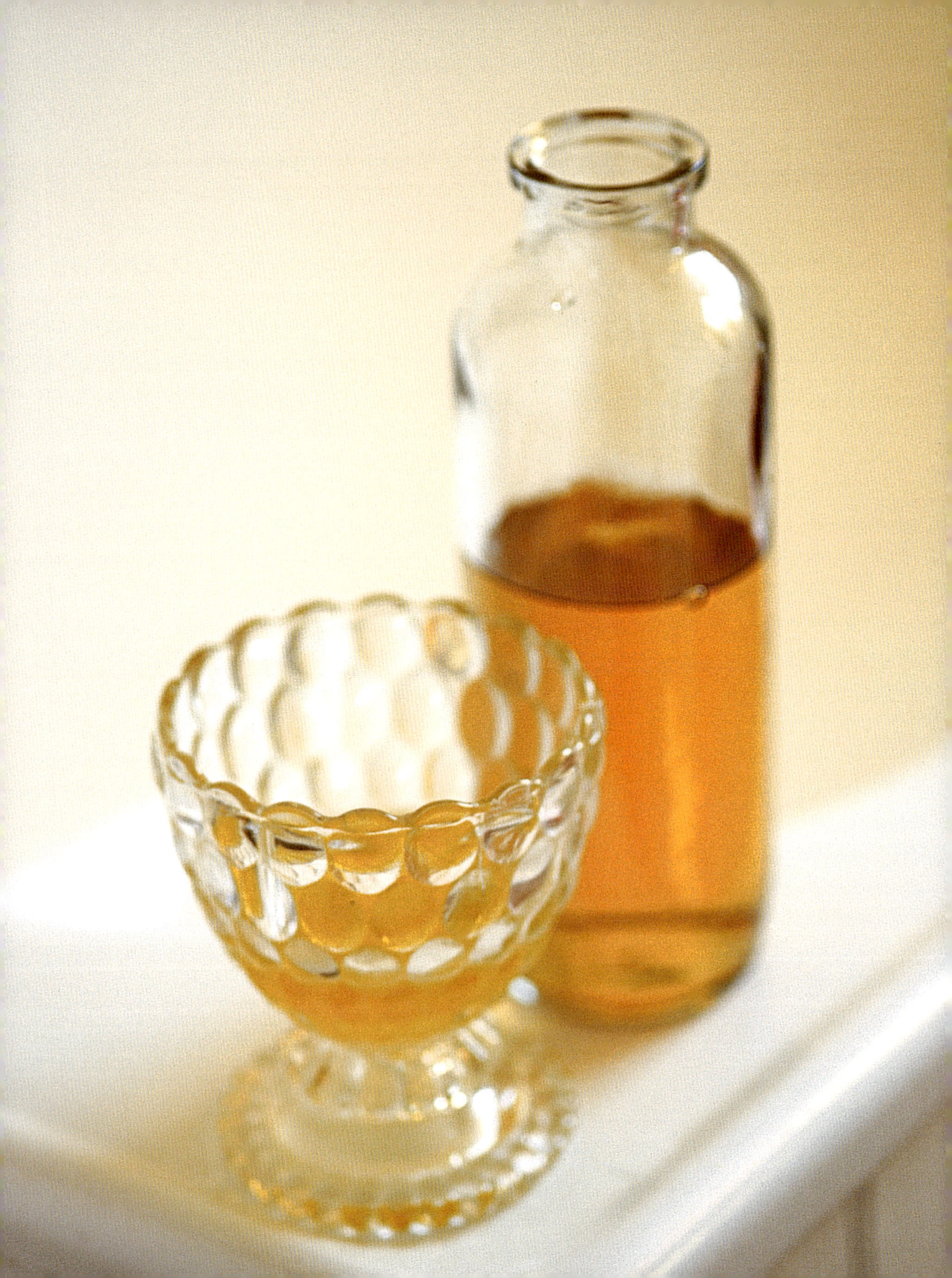

つやを出すハーブの
ヘア・トリートメント

　髪に枝毛や切れ毛、あるいはその他のトラブルが見られたら、強烈なパワーをもつこのシャンプー前トリートメントを定期的に使用し、つやと輝きを取り戻しましょう。週1回が理想的です。ロングヘアならトリートメント1回につきこの全量を、ショートヘアなら少なめに使ってください。次のトリートメントまで容器の中で十分もつでしょう。

ローズマリーの葉　10g
乾燥したカモミールの花　10g
ココナツオイル　100ml

　ローズマリーの葉を刻み、カモミールの花およびオイルと一緒に二重鍋（p.153参照）の内側に入れ、30分間加熱します。ココナツオイルは、もし固まっていたら、あらかじめ熱しておく必要があるでしょう。火からおろし、冷めたら、ネジ蓋つきの広口瓶に移してください。密封し、1週間置きます。それから、再び加熱し、漉し器で漉し、ハーブを取り除きます。使用にあたっては、両手にトリートメント剤をすくい取り、頭皮と髪にすり込みましょう。可能なら、根元から先端に向かって髪をとかしてください。熱いタオルで髪を包み、30分間待ちます。それから、シャンプーし、トリートメント剤を洗い流し（おそらく、シャンプーは2度必要になるでしょう）、コンディショナーで整えます。最後にすすぐときにキャップ1杯のリンゴ酢を加えると、効果的なコンディショナーになるでしょう。

つやとボリュームを出す
ネットルのリンス

　新鮮なネットルを使う利点は、生育期が非常に長いことです。ネットルを採取したり刻んだりするときは、厚手のガーデニング用手袋をつけましょう。

スティンギングネットル　50g、あるいは乾燥ネットル　25g
リンゴ酢　125ml
濾過した雨水あるいはミネラルウォーター　125ml
ローズ・エッセンシャルオイル　6滴

　新鮮なネットルを細かく刻みます（使用する場合）。二重鍋（p.153参照）の内側にネットルと酢と水を入れます。蓋をし、1時間煮てください（外側の鍋が乾ききらないように気をつけましょう）。冷めたら、漉して水差しに入れ、エッセンシャルオイルを1滴ずつ加えます。洗った髪にかけ、余分な水分を絞り、乾かしてください。お好みで頻繁に使用してください。驚くほど輝きが増します。

頭皮のための冷パック

　髪で唯一生きている部分である毛根は、頭皮に根づいています。したがって、髪が美しく見えるためには、頭皮が最高の状態でなければなりません。このパックには、頭皮を冷やし、癒し、潤いを与える適切な成分が含まれています。

皮をむいたキュウリ　1/4
ヨーグルト　150ml
蜂蜜　小さじ山盛り1

　キュウリを液状にし、ヨーグルトと蜂蜜を混ぜ合わせます。乾いた髪にていねいにつけ、撫でつけながら髪と頭皮全体に完全に行きわたらせます。10分間置いてから、シャンプーしてください。

ヘア

髪を輝かせるカモミールと
ルバーブのトリートメント

週1回使用すれば、ブロンドの髪を夏も明るく保ち、また、グレーになりつつある髪をよみがえらせます。

乾燥したカモミールの花　25g
粉末状の乾燥ルバーブの根　25g
濾過した雨水あるいはミネラルウォーターの熱湯　200mℓ
エキストラバージン・オリーブオイル　大さじ1

すり鉢とすりこ木、あるいは電動ハーブグラインダーを用い、カモミールの花を挽いて粉末状にします。ボールでその粉末とルバーブの根の粉末を合わせます。（自分でルバーブの根を乾燥させる方法はp.146参照。）熱湯を加え、ペースト状にし、そこにオリーブオイルを混ぜ合わせます。クリップなどで乾いた髪を小分けし、部分ごとに根元から毛先へとペーストを塗ってください。髪にラップを巻き、45分間そのままにしてトリートメント剤を作用させましょう。あとは、ぬるま湯で完全に洗い流し、シャンプーとコンディショナーで整えてください。

助言

レモンジュースは髪の状態にはあまりよくないかもしれませんが、ハイライトをつけたいときにはすばらしい効果を発揮します。全体にはかけないでください。ハイライトをつけたい部分と分量を選び、コットンにレモンジュースを浸し、先端につけてください。日があたると焼けるかもしれないので、レモンジュースが頭皮につかないよう気をつけましょう。鏡を使えば、休暇の間中、同じ場所にハイライトをつけ、本当に太陽の影響を受けたように見せることができます。

カモミール
Anthemis nobilis

カモミールは美容の世界で最も役立つハーブの1つです。肌を癒し、腫れを抑え、肌を強化するという利点は、クリームやローション、ヘアケア製品、バスオイルを使えばわかるでしょう。（自然に髪を明るくする効果があるため、ブロンドになりたい人に勧めたい究極のハーブです。）カモミールの名はギリシャ語のkamai（地面）とmelon（リンゴ）から来ています。というのは、カモミールを踏みつければ、神経系に有益であると言われているリンゴのようなすばらしい匂いがふわりと漂ってくるでしょう。カモミールはローマ人がイギリスに紹介したと言われていることから、そのギリシャ名にもかかわらず、"ローマンカモミール"とも呼ばれています。カルペパーによると、硬くなった関節に花から採ったオイルを塗ったり、癒し効果のある浸出液をバスタブに注いだりして使用したそうです。

もしスペースがあれば、カモミールの"芝生"を作ると美しいでしょう。すぐにどんどん茂って広がり、夏の終わりごろには、真の美のための賜物ともいうべき花に覆われているはずです。

カモミールは一般に、抗炎症性および抗鎮痛性効果を期待して利用されます。しかし、たまにカモミール・アレルギーの人があるため、作った化粧品を楽しく使用する前に、必ず"パッチテスト"を行ってください。自分でカモミールを栽培しない場合は、乾燥ハーブ――ハーブ療法で最も広く使用されています――でも、同様にとても効果があります。おまけは？　乾燥したカモミールの花でお茶をいれれば、すばらしい鎮静作用の効果で心地よい眠りが訪れます。

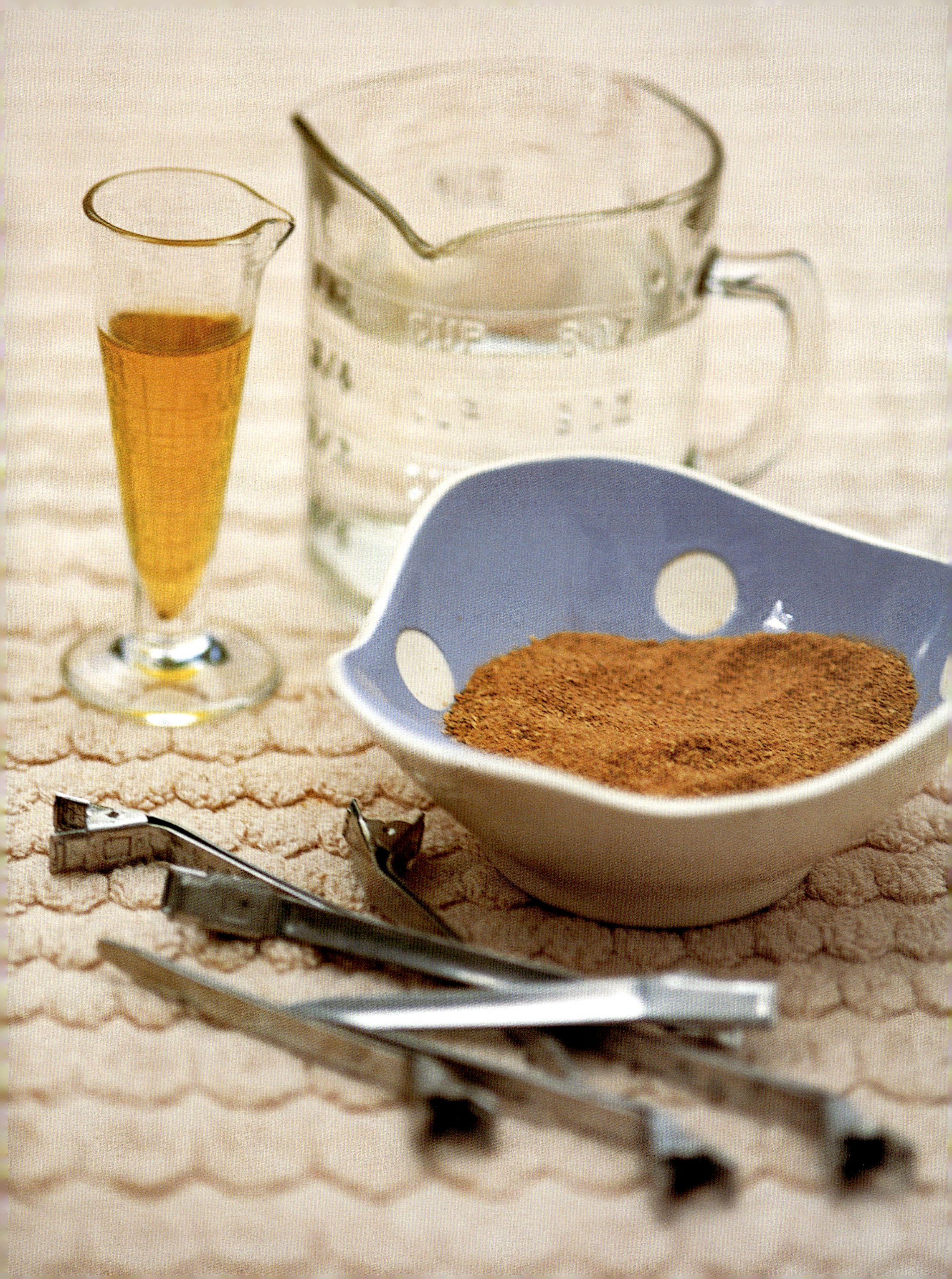

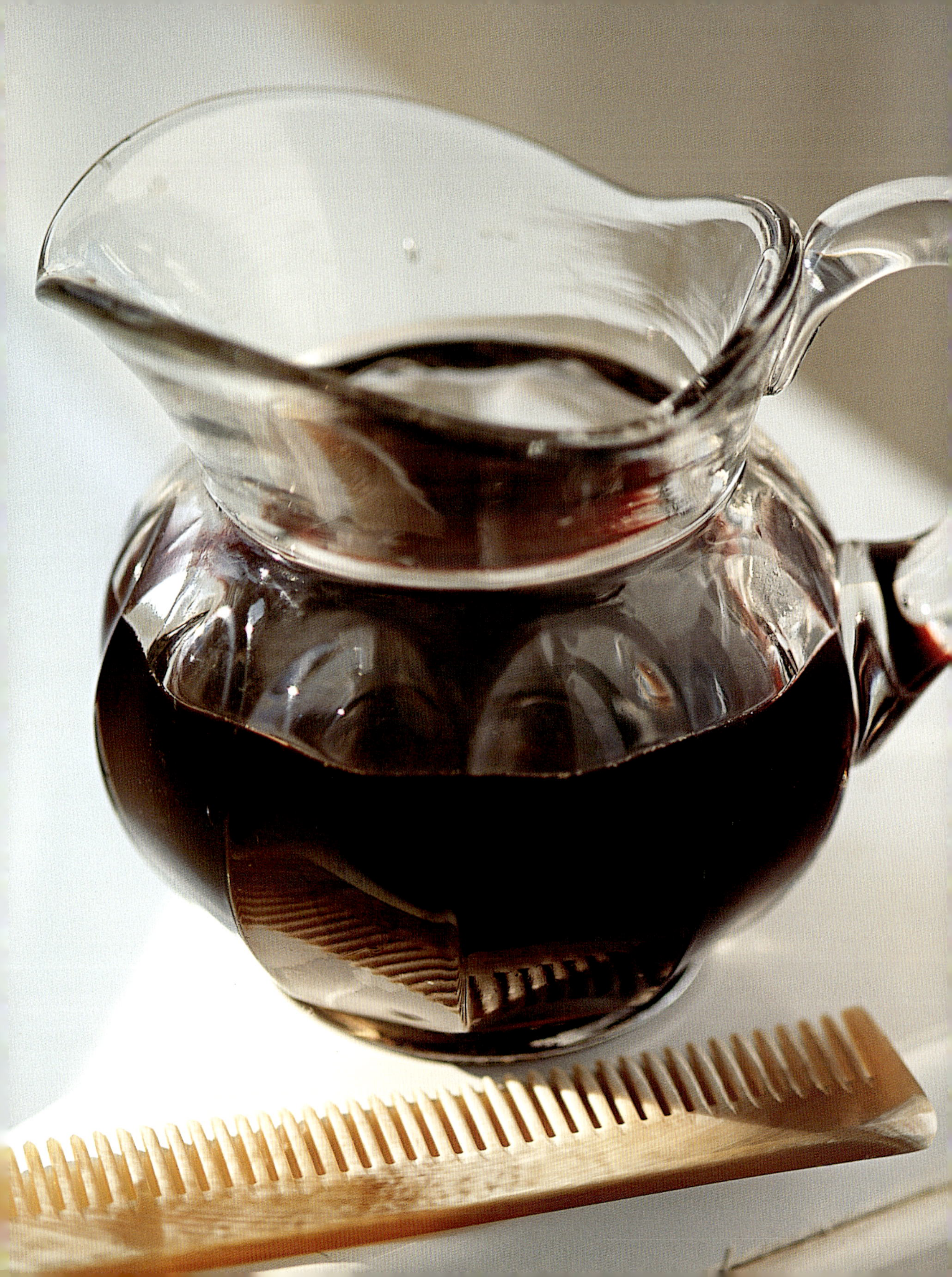

ヘア

髪を黒くする
セージのトリートメント

　残念ながら、グレーの髪をカバーする"裏庭で採れる"植物性ヘアカラーを見つけるのは困難です。まず、これが一番近いでしょう。定期的に使用すれば、完全ではありませんが、グレーの髪は次第に黒くなるでしょう。

新鮮なセージの葉を刻んだもの　110g、
　あるいは乾燥したセージの葉　50g
リンゴ酢　225mℓ
カオリンパウダー
卵黄　1個分
　（コンディショニング効果のために、お好みで）

　酢にセージを入れて10分間火にかけ、まだ温かい間に漉します。冷めたら、茶漉しやふるいを使ってカオリンパウダーを入れ、パックくらいの濃度になるまで混ぜ合わせます。そこへそっと卵黄を加えて混ぜてください。乾いた髪をクリップなどを使って小分けにし、各部分ごとにペーストを根元から毛先へとつけていきます。髪をラップで包み、30分から1時間くらいそのままトリートメントを浸透させます。ラップの上に熱いタオルを重ねれば、トリートメント時間を少し短くすることができます。冷たい水かぬるま湯（熱くない湯）で洗い流し、シャンプーし、コンディショナーで整えてください。週1回使用してください。
　髪が乾燥したり縮れたりする傾向があるなら、卵黄を加えた後にさらにオリーブオイル大さじ1を混ぜ合わせてもいいでしょう。

ダークヘア用
エルダーベリー・リンス

　もちろん、エルダーベリー（ニワトコの実）は年中シーズンというわけではありません。だから、その代わりとして、"髪を黒くするセージのトリートメント"を紹介しました。（あるいは、少し冷凍してはいかがでしょう？）また、いつもボトルを飲み干してしまうわけではないのなら、このレシピに残った赤ワインや白ワインを使うこともできます。安いボトルを取っておき、残りをヘアリンスに使ってください。

エルダーベリー　3つかみ
リンゴ酢　600mℓ

　エルダーベリーとリンゴ酢を鍋に入れ、沸騰させます。それから30分間煮てください。火からおろし、冷ましてから漉します。髪を洗った後、最後のリンスとして使ってください。これは1回分の分量です。

助言

髪をつややかにするためには、体内から栄養を与えなければなりません。髪はビタミンB（玄米や糖蜜に含まれます）はもちろん、ビタミンA（オレンジや黄色の野菜や果物、濃い緑の葉野菜）、さらに鉄分（手近なところで、糖蜜、全粒小麦、玄米）を好みます。

ヘア

赤毛のヘアパック

　定期的に使用すると、ゆっくりと微妙にきれいな赤の色合いを髪に加えてくれます。ただし、髪を脱色している場合は、ニンジン色になるかもしれないので注意してください。

乾燥したセージの葉　25g
乾燥したマリーゴールドの葉　20g
赤ワイン　225mℓ
カオリンパウダー
エキストラバージン・オリーブオイル　大さじ1
卵黄　1個分

　セージとマリーゴールドの葉を耐熱性のボウルに入れ、小さな鍋にワインを入れて沸騰させます。ワインをハーブの上に注ぎ、完全に冷まします。ハーブの浸出ワインを漉し、清潔な鍋で再び加熱します。茶漉しか小さなふるいを用い、カオリンパウダーをゆっくりとワインに入れながらかき混ぜ、パックくらいの濃度にします。コンディショナーとして作用するオリーブオイルと、卵黄を加えます。（この前に調合液が冷めていることを確認してください。でないと、スクランブルエッグになってしまうかもしれません！）クリップなどを使って乾いた髪を小分けにし、部分ごとに根元から毛先にむかってペーストを塗ります。それから、髪にラップを巻き、少なくとも45分間置いてください。お好みで、ラップの上に熱いタオルを巻いてもいいでしょう。たっぷりの湯で洗い流し、それからシャンプーし、コンディショナーで整えてください。

赤毛が大好きなものに…

　ジンジャーパウダーとジュニパーの実があります。ナスターチウム（キンレンカ）で煎じ液を作り（p.93参照）、仕上げのリンスに使うこともできます。

　また、ハイビスカスの花は明るい色や暗い色の髪に赤いハイライトを加え、自然な赤毛の色の深みを増します。花で薬湯を作り（p.153参照）、あるいは、ハイビスカスのティーバッグを買ってもいいでしょう。冷まして漉し、仕上げのリンスに使ってください。

　クランベリージュースも赤毛用の自然のブライトナーになり、輝きを高め、なめらかなキューティクルを作るため、いっそうつややかに見えます。ただし、甘味の加えられていないクランベリージュースを使ってください。でなければ、髪がねばねばしてしまいます。

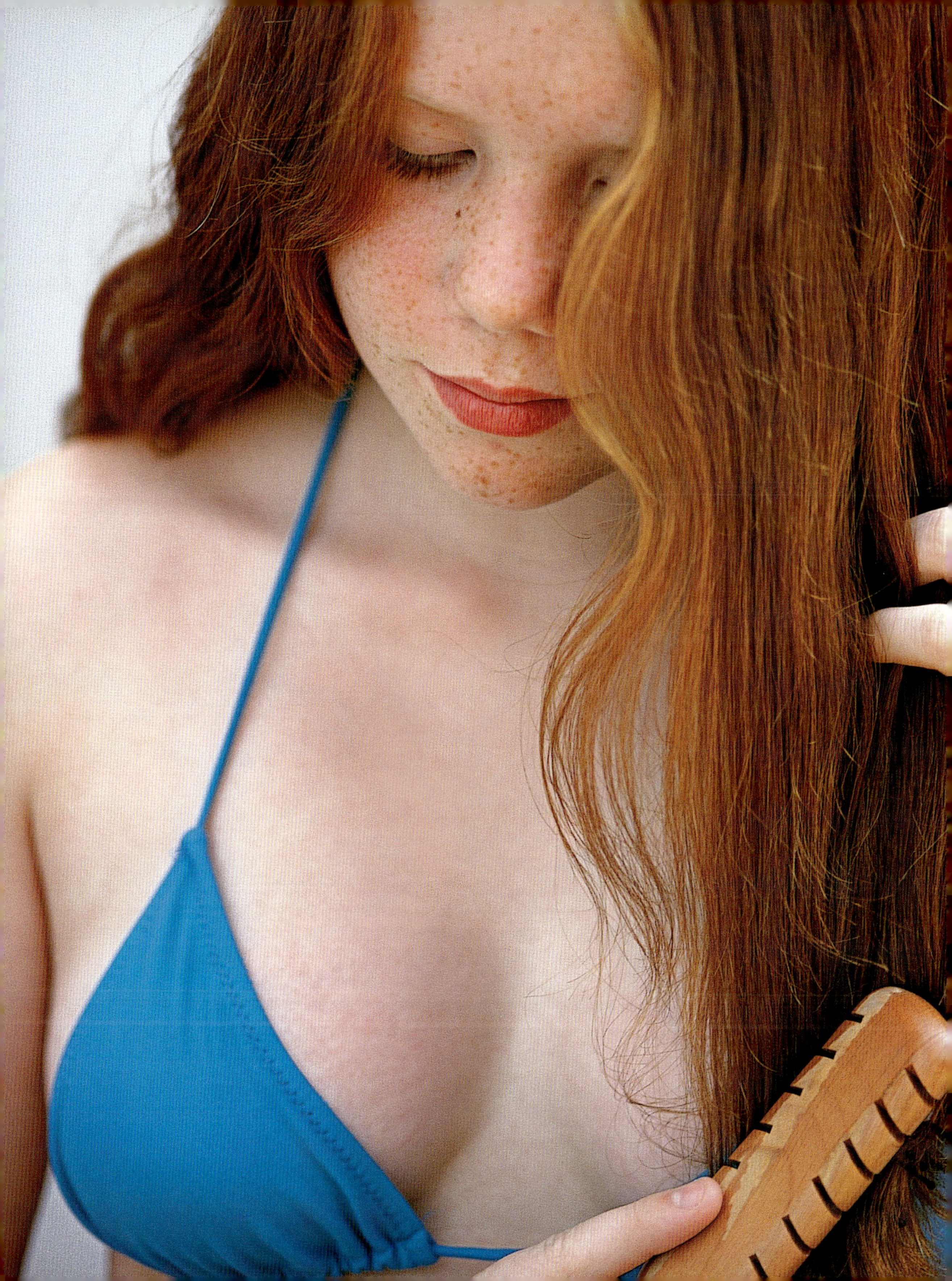

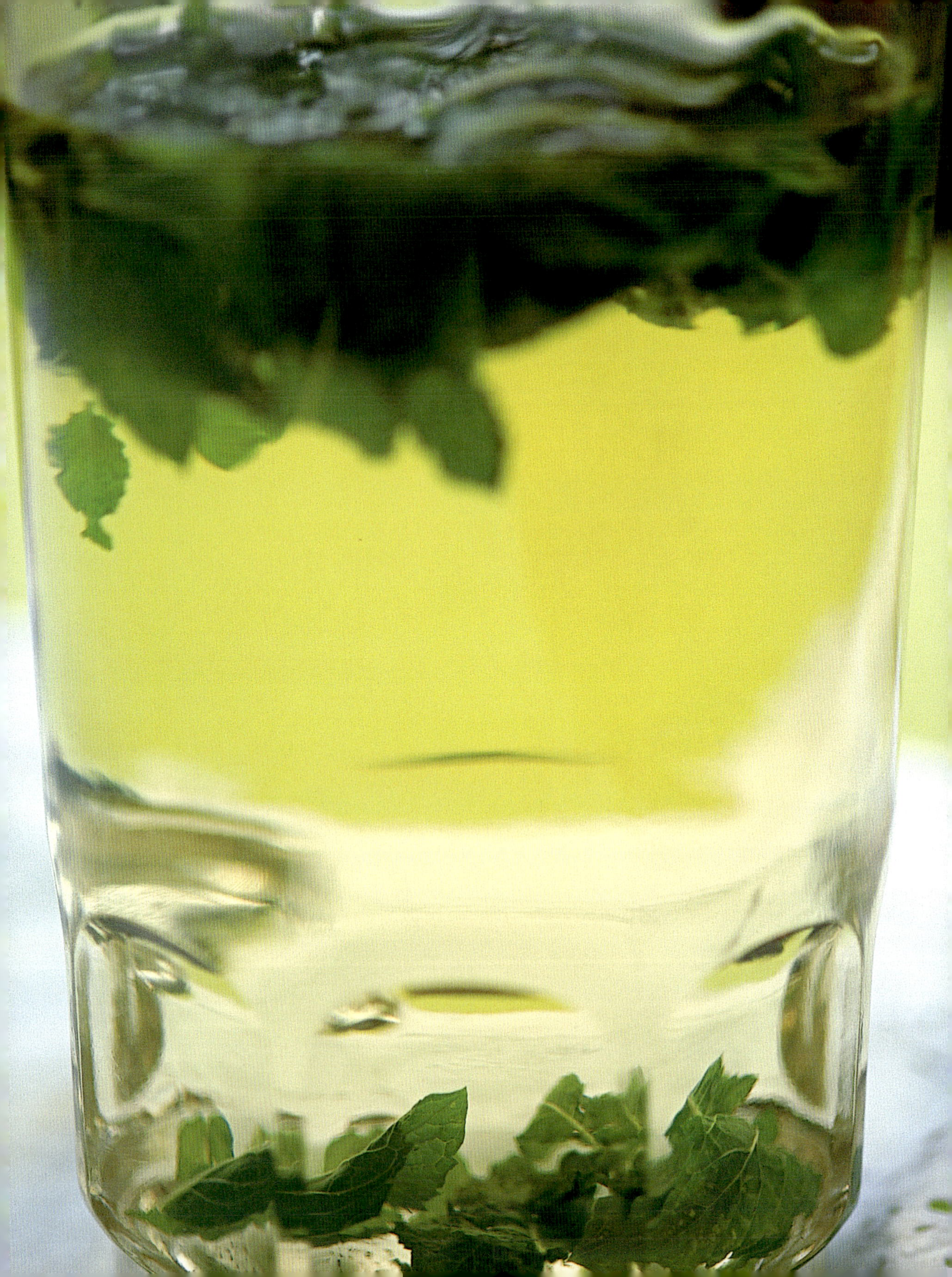

ヘア

さわやかな
ミントティー・リンス

　これを作るときは、気分をすっきりさせるために1杯飲んではいかがでしょう？　とてもしゃきっとします。

新鮮なミントの葉　大きく2つかみ
濾過した雨水
　あるいはミネラルウォーターの熱湯　600ml

　ミントの葉に熱湯を注ぎ、浸出させます。液が冷めたら、ミントを漉して、捨てます。普通に髪を洗い、最後にコンディショニングリンスとしてミントティーを使用してください。濡れている間に髪をとかし、いつものように髪を乾かしましょう。

助言
生卵をシャンプー代わりに使えるのをご存知でしたか？　髪を濡らし、玉子1個を頭皮と髪にすり込み、冷水あるいはぬるま湯（熱くない湯を使ってください。でないと頭皮でスクランブルエッグができるかも……）で洗い流します。玉子には、どんな髪質でも自然につやを高める優れた作用があります。

ふけを解決する
リンゴジュース・リンス

　ふけ用シャンプーはきつく、薬効がありますが、頭皮に大変強い刺激があります。しかし、それはこのリンスによって癒され、鎮められることでしょう。リンゴは殺菌作用があるため、このリンスを使用することで、自然な優しい方法で頭皮のバランスを取り戻し、ふけ問題と取り組むことができます。

新鮮なリンゴ　1kg、あるいは瓶入りのリンゴジュース
　（シュガーフリーのもの）　600ml
濾過した雨水あるいはミネラルウォーター　600ml
リンゴ酢　125ml
ティーツリー・エッセンシャルオイル　5滴
ラベンダー・エッセンシャルオイル　2滴

　リンゴを搾り（あるいは、瓶入りジュースを用い）、水と混ぜ合わせます。酢とエッセンシャルオイルを1滴ずつ加え、かき混ぜます。髪をすすいだら、あるいはコンディショナーで整えたら、このリンスを最後のすすぎに使ってください。予想に反し、髪がべとつくことはありません！

助言
フランスのハーバリストは、弱ってきた髪から頭皮の不調まで、様々な頭皮の問題にナスターチウムを広く利用しています。花、葉、茎を使ってシンプルな煎じ液を作るなら（p.153参照）、たっぷり5、6つかみのハーブに水を注ぎ、10分間煮ます。その液を漉し、最後のリンスとして使用してください。

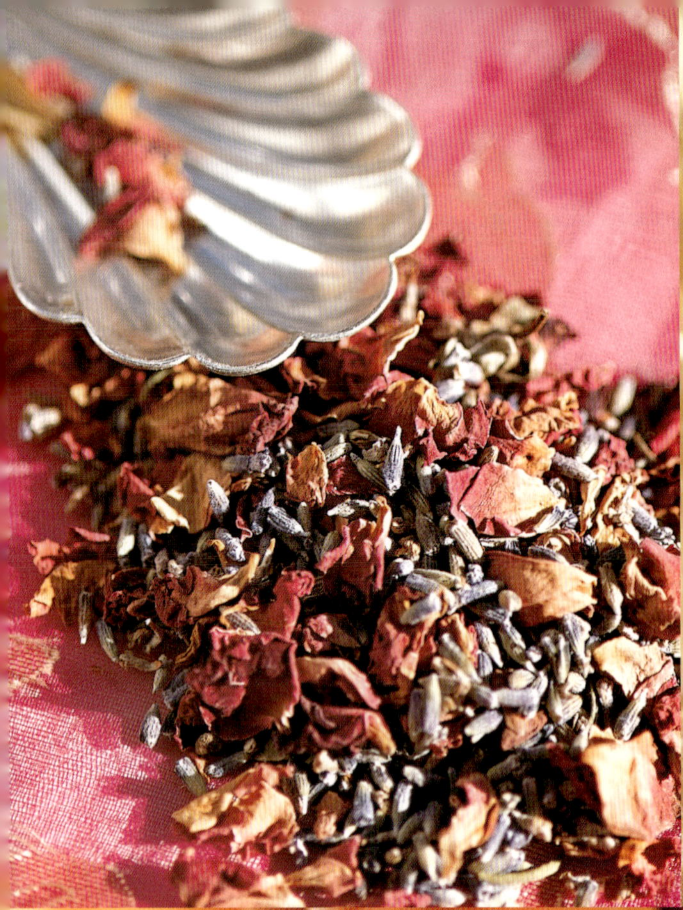
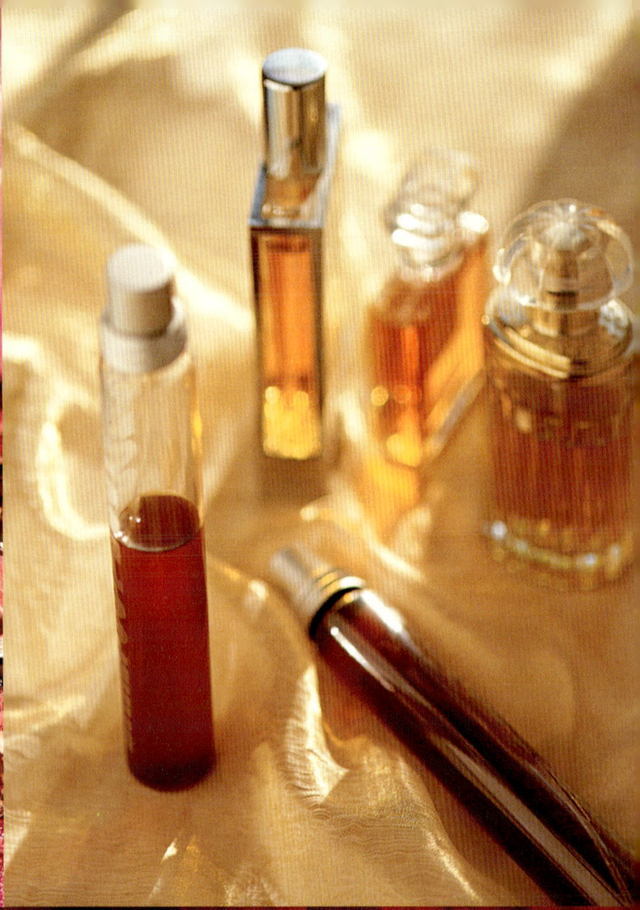
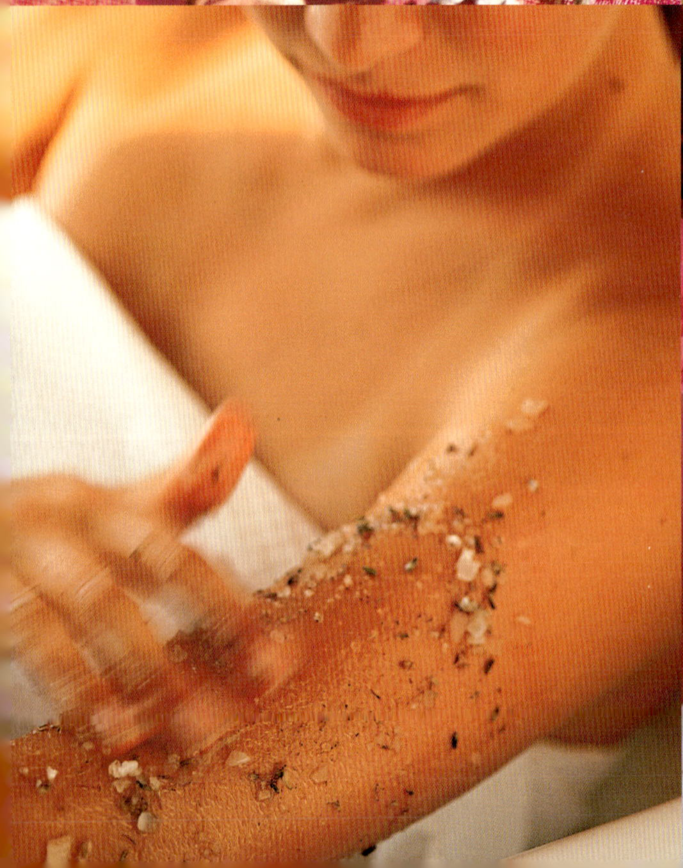
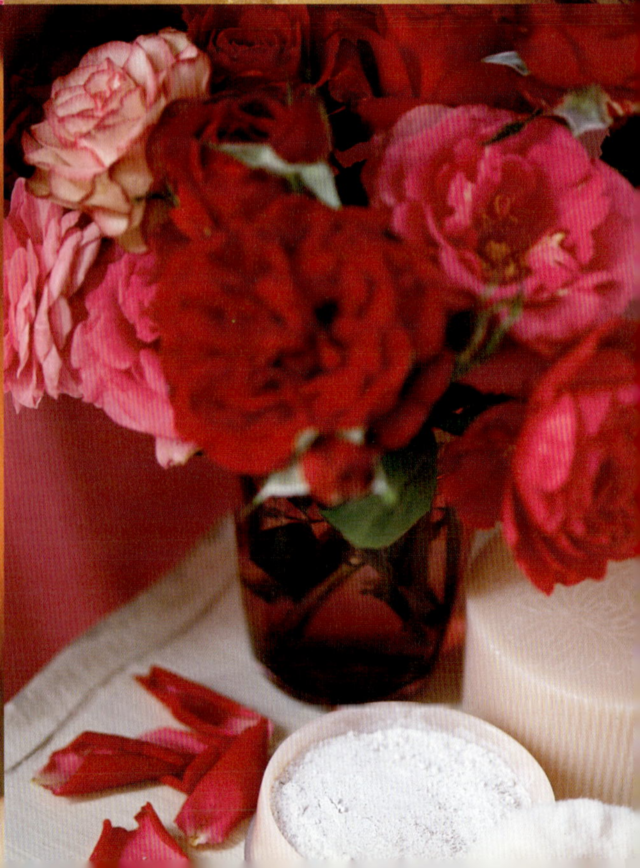

バスタイムとボディ

　私たちの体は、肌に塗るもの、肌を浸すものの多くを皮膚から吸収しています。肌に潤いを与えるためにボディローションを塗ります。さて、それはどこへ行くのでしょう？　その一部は、確実に、血流に入り込みます。ところで、バスタブに満たした合成化学物質の液に本当に浸りたいですか？　私は浸りたくありません。しかし、乾ききった肌に栄養を与えたり、心地よい入浴剤で気分を変えたり、官能的なパウダーのベールをまといたいなら、それに代わる植物性の商品があります。使い心地は最高です。また、感覚を鎮めてくれます。さらに、自分でオーガニック材料を買ったり育てたりできれば、バスタイムやボディケアは可能な限りナチュラルなものになるでしょう……。

バスタイム

ローズ、ローズ、ローズ

　このすばらしく贅沢なバスは、断然、感覚を鎮めてくれます。私自身、パソコンの前でストレスの多い1日を過ごした後に自分で実際に試し、現実を完全に忘れられたと実感するまで、そんなことは信じていませんでした。戯れに、深紅のバラの花びらを瞼に置いてみたところ、アイパックとして驚くほどの効果があり、照明を少し暗くすることができました。このバスタイムの欠点は1つ、その後の掃除でしょう。湯を落としてバスタブを洗い流した後、排水口に集まった花びらをすくい取らなければなりません。でも、信じてください。よけいな手間をかける価値はあります。

ローズウォーター　125ml
スイートアーモンドオイル　大さじ1
ローズ・エッセンシャルオイル　5滴
殺虫剤などがスプレーされていないバラの花びら（種類は問いませんが、香りのよいバラが好ましいです）　75g

　瓶の中でローズウォーターとスイートアーモンドオイルを混ぜ合わせ、そこへローズ・エッセンシャルオイルを1滴ずつ加えます。これを湯の出ている蛇口の下に注ぎ、バスタブの湯の中にバラの花びらを投げ入れます。

　もちろん、年中このお風呂を楽しむために、夏の間にバラの花びらを乾燥させてもいいでしょう。このお風呂に最適なバラはアポサカリーズローズ（Rosa gallica officinalis）で、この品種は乾燥しても芳香を保ちます。

バラ
Rosa centifolia and *Rosa gallica*

　あらゆるビューティ・ガーデンには、場所さえあればバラが育っているはずです。バラは驚くほど用途の広い材料だからです。最近、バラは、主流を成す一流の美容産業界でも、傷やアクネや太陽でダメージを受けた肌に有効として、その若返り効果や元気回復効果が見直されてきたようです。また、バラは肌に優しく、敏感肌には理想的です。バラの花びらはお風呂に散らしたり、アイパックに利用したり、とっておきのローズウォーター（p.18参照）と混ぜ合わせて使用できます。また、カルペパーは、バラの軟膏は顔にできた赤い吹き出物を冷やし、癒してくれるだろうとも言っています。個人的には、バラを育てているのは花びらのためでもありますが、自宅で作る化粧品の香りづけにバラやローズ・エッセンシャルオイルなしではすませられないからです。

　手作りのビューティ・ケア用品には自宅で栽培した殺虫剤などがスプレーされていないバラだけを使うようにしてください。市販のバラは普通、殺虫剤が多く吹きつけられています。自分で花びらを乾燥させる場合は、（フランス香水産業の本場グラースでそうしているように）早朝、まだ露に濡れているうちに摘み取ってください。大きなトレーに広げ、直射日光を避けて乾かしましょう。トレーを風通しのいい棚に置くと、乾燥時間が短くなります。乾燥した花びらは、魅惑的な匂いと薬効が保たれるよう、直射日光の入らない蓋つきの容器に入れて保管してください。

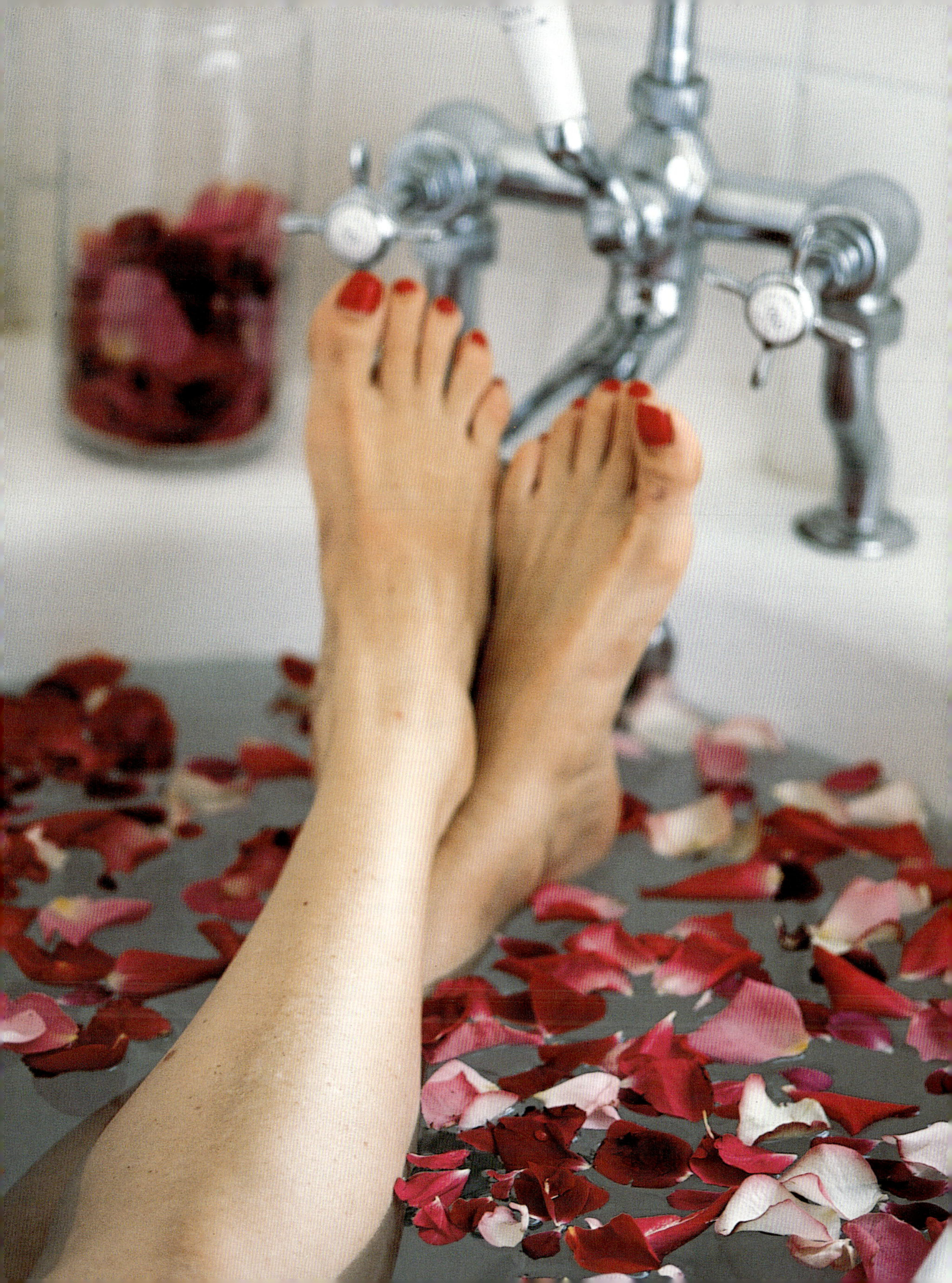

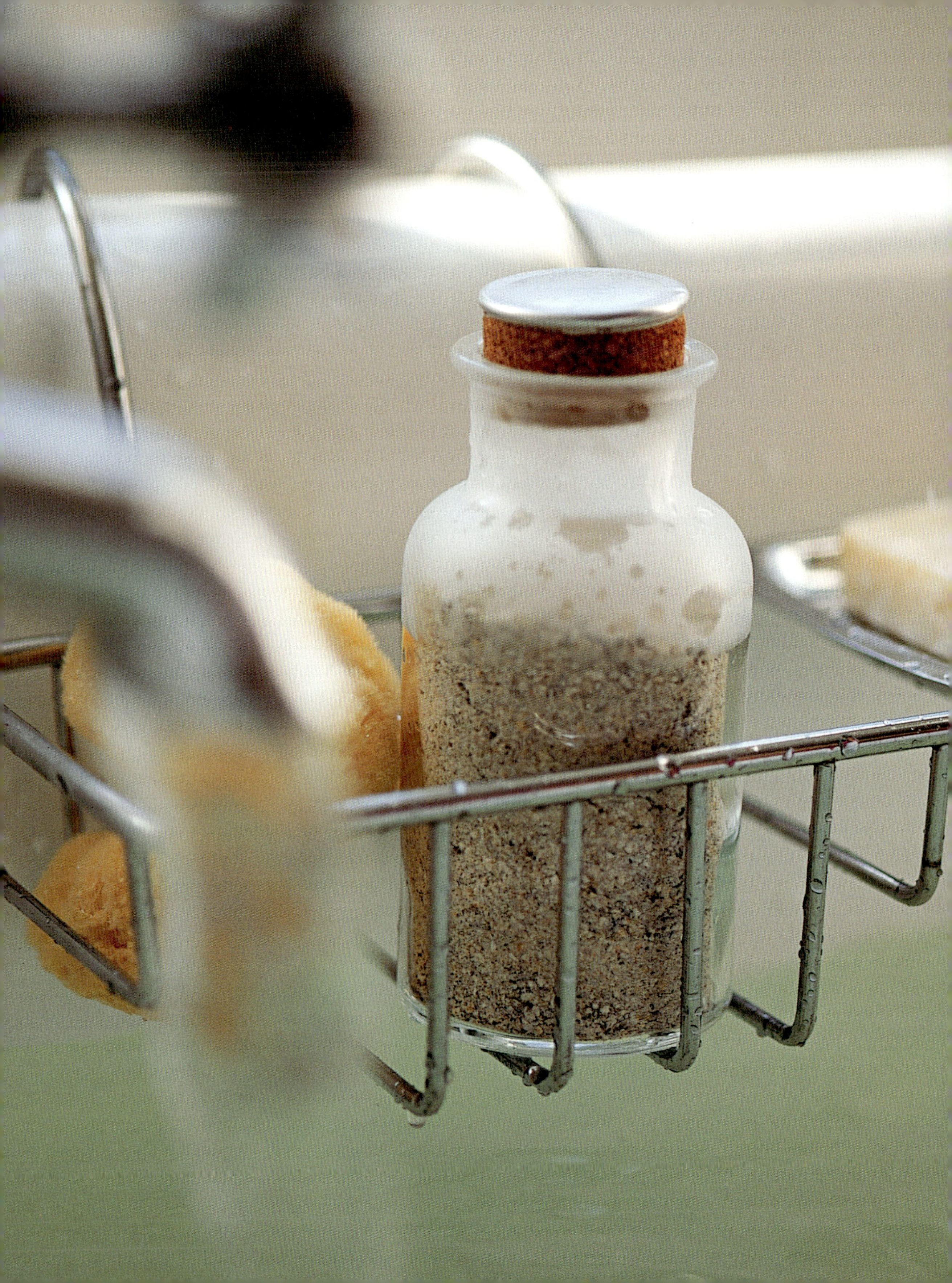

バスタイム

癒しのラベンダー・バスソルト

　塩と重炭酸ソーダは水をやわらかくする効果があり、挽き割りオートムギは敏感肌を大いに癒します。湿疹さえも癒します。

乾燥したラベンダーの花　100g
挽き割りオートムギ　200g
重炭酸ソーダ　50g
塩　75g

　材料全部をミキサーに入れ、細かなパウダー状になるまで回します。小さなラベンダーの粒は瓶に入れるととてもきれいです。お好みで、最後に乾燥したらベンダーの花を軽く1つかみ加えてもかまいません。材料を新鮮に保つため、コルク栓やネジ蓋つきの保管用容器に移してください。湯の流れ出る蛇口の下にソルト半カップを注いでください。ラベンダーの香りを高めるため、1回あたりラベンダー・エッセンシャルオイルを6滴まで湯に加え、よくかき混ぜてもいいでしょう。

助言

かゆみやちくちく感があるときや肌が乾燥しているとき、ミルクは理想的な入浴剤になります。新鮮なミルク1〜2カップをお風呂の湯に加えてください。エッセンシャルオイルを散らしてもすばらしいでしょう。お湯に入る前に、ミルクカップ1杯あたりに好みのエッセンシャルオイル4〜5滴を加えてください。

エルダーベリーのバストニック

　エルダーベリーには刺激効果と強壮効果があり、さらに炎症も緩和します。冷凍にも適していますので、晩夏にエルダーの実を摘んでください。

エルダーベリーの葉と実　110g
濾過した雨水あるいはミネラルウォーター　900mℓ
ローズ・エッセンシャルオイル　10滴
ローズゼラニウム・エッセンシャルオイル　4滴

　葉を粗く刻み、実や水と一緒に鍋に入れ、沸騰させます。5分間煮たら、火からおろし、完全に冷まします。殺菌した瓶の底にエッセンシャルオイルを垂らし、モスリンの布かキッチンペーパーを重ねたじょうごを使って液を漉し、瓶に移します。しゃきっとしたいとき、カップ1杯量をお風呂に加えてください。それ以外のときは、冷蔵庫に保管しましょう。

バスタイム

ハーブのバスバッグ

これらのバスバッグは、バスルームにハーブの蒸気が立ちこめるように、バスタブに入れてもかまいませんし、最善の結果を出すために、流水がハーブにかかるように蛇口の縁で結んでもかまいません。入浴したら、バスバッグは湯に浸してください。バスバッグはほどいて中身を出し、日光で乾燥させ、再び結んでもう1〜2回使うことができます。

バスバッグ1つにつき、25cm四方のモスリンあるいはチーズクロス1枚
リボン、紐、あるいはラフィア
乾燥ハーブあるいは、
　　お好みの材料　50gまで
エッセンシャルオイル
　　（ハーブと同じもの）　2〜3滴

布を円形にカットします。有効成分が出やすいよう、ハーブを軽く潰し、それを布の中央に盛り、長さ45cmのリボンで結びます。2回目、3回目に使用するときは、香りを高めるために、乾燥ハーブにエッセンシャルオイル（ローズマリーを使っている場合はローズマリー、セージを使っている場合はセージというように、ハーブと同じエッセンシャルオイル）を2〜3滴加えてください。ハーブと一緒に別の"ふくれあがる"材料も試してみましょう。1袋につき、使用するハーブおよびその他の材料はトータルで約50gです。挽き割りオートムギはとても優しい材料ですが、肌にいいと思われるのはこれだけではありません。挽いたアーモンドや乾燥ミルクパウダーを加えることもできますし、甘い芳香を求めるなら、乾燥したオリス根を用いてもいいでしょう。ポレンタ（トウモロコシなどの粥）を使うことだってできます！　また、モスリンやチーズクロスで肌を軽くこすって古い皮質を落とし、ハーブの成分を局所的にしみ込ませ、その恩恵を最大限に活用してください。

ハーブのバスティー

バスバッグの代わりにハーブの浸出液を作り、冷めたらそれをお風呂に入れて使うことができます（p.153参照）。600mlの熱湯に対し乾燥ハーブ約2カップ。

芳香を求めるなら、バラ、ラベンダー、メドウスイート、スミレ、ジャスミン、カーネーション、ハニーサックル（スイカズラ）、ローズゼラニウムといった甘く香るハーブを。これらのハーブにスパイシーなハーブ（カモミール、オーデコロンミント、クラリーセージ、ラビジ、ローズマリー、レモンバーム）を組み合わせてください。肌をやわらかくしたいなら、浄化作用のある肌をなだめるハーブ——チックウィード、セージ、カウスリップ、マーシュマロウ、マリーゴールド、パンジー、アップルミント、スペアミント、エルダーフラワー、レッドクローバー、コンフリー、フェンネルの種——を使いましょう。私は、気分によって、いわゆる"魔法のお風呂"を作るのが好きです。

効果的なバスバッグのレシピを他にもいくつか紹介しましょう。試して楽しんでください。

バラの花びらとラベンダーはうっとりと官能に訴えます。ローズマリー、ローレル、バジル、タイム、セージ、レモンバーベナは疲れた体や頭を元気づけてくれます。ペパーミントとラビジは自然に臭気を取り除き、暑い気候のときに気持ちよく冷やします。ライムの花、カモミール、レモンバーム、バレリアンは就寝時、神経を鎮め、リラックスさせてくれます。すったショウガはいろいろな痛みを驚くほど和らげます。イチゴの葉、ゴボウ、カモミールもまたいい組み合わせです。ペパーミント、タイム、タンポポ、セージは、体の傷や脂っぽい肌を清めるのに優れた効果があります。マートルはセルライトやたるんだ肌に効きます。

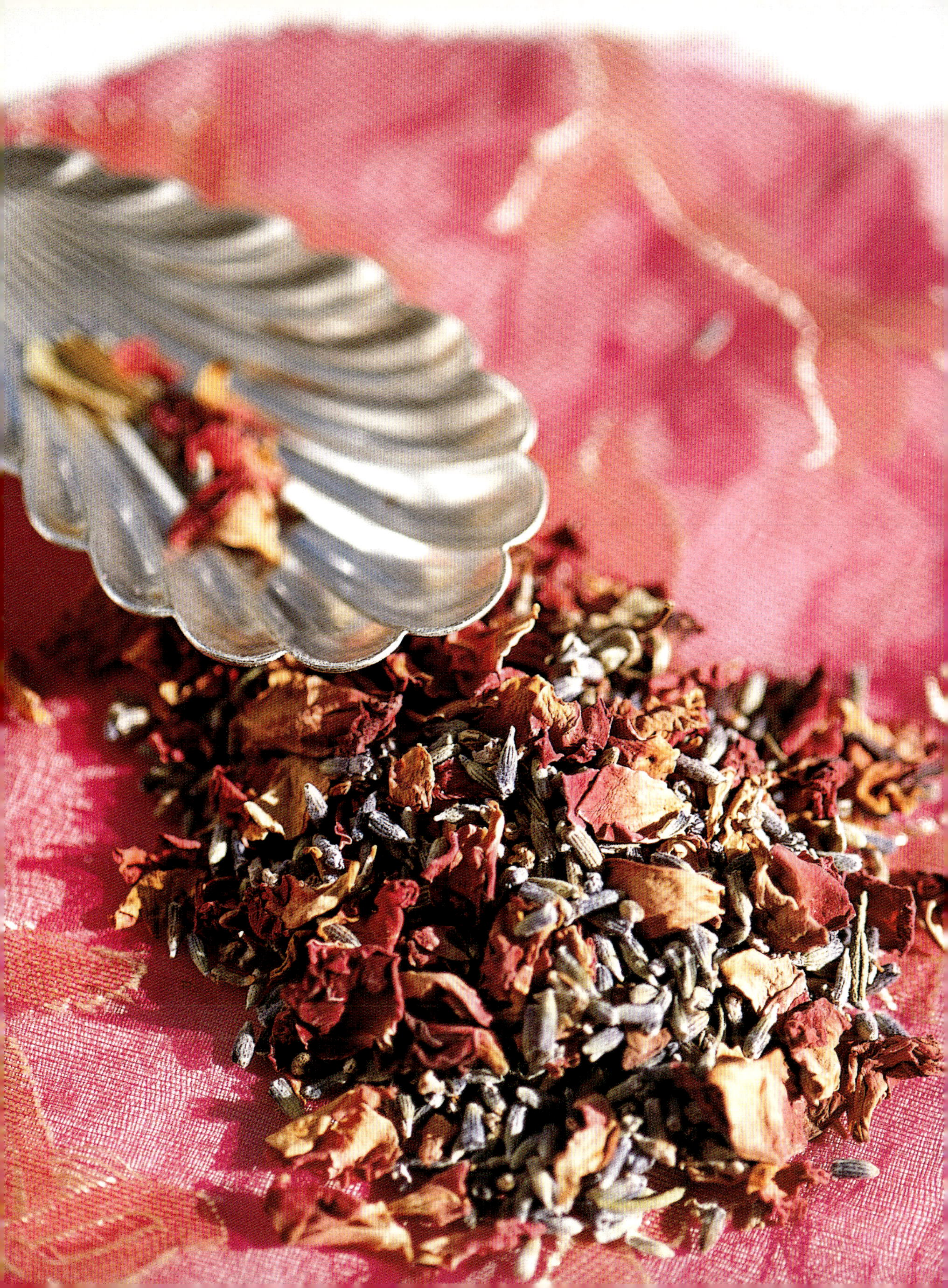

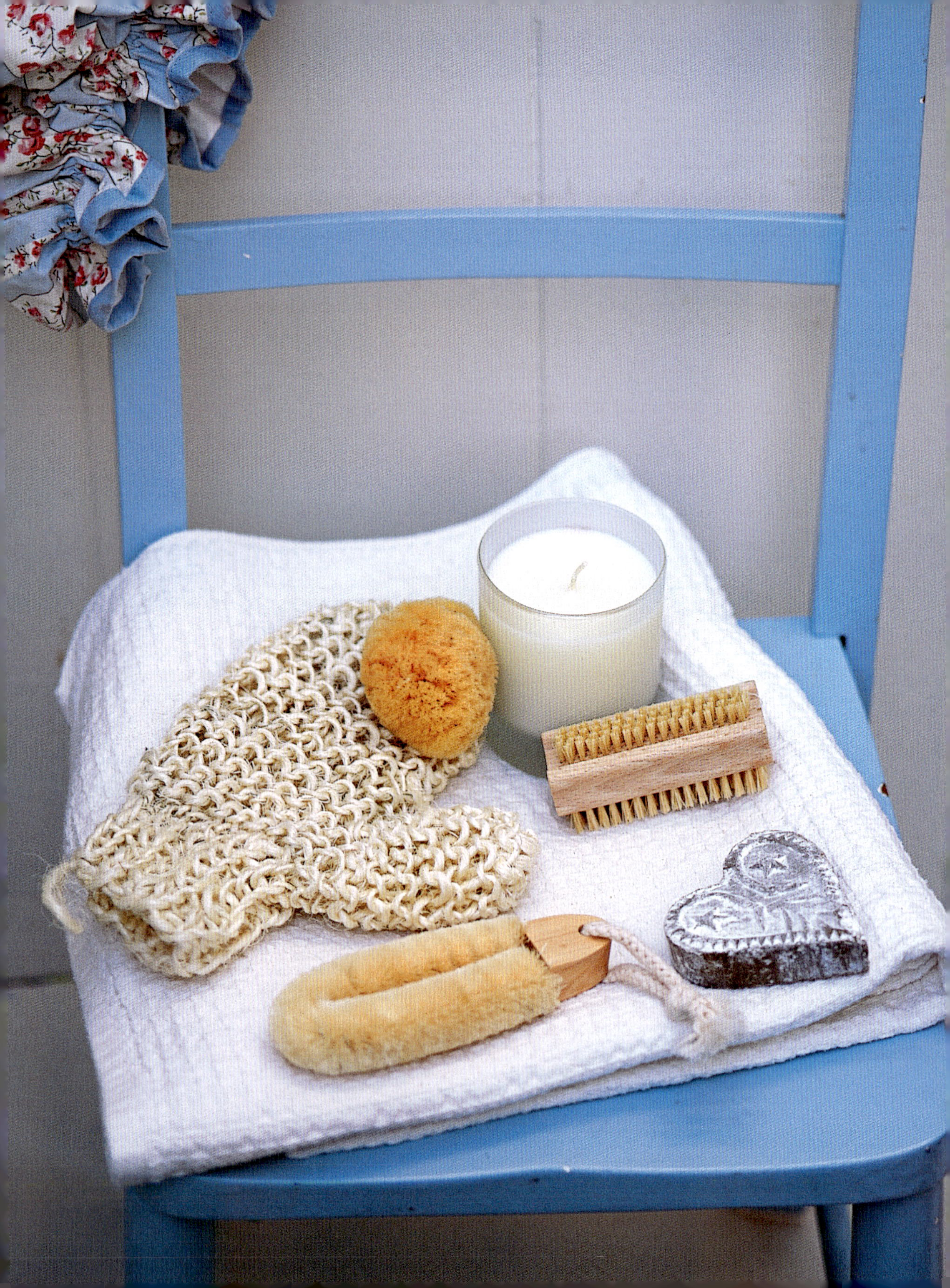

ホームスパに欠かせないもの

バスルームをパラダイスに変えたいなら、以下のものを用意してください。

- 大きな海綿（ラベルに環境破壊するものではないと記されたものを探しましょう）
- ヘチマ
- 軽石
- バスピロー
- アロマセラピー・キャンドル
- 大きなコットンのタオル
- かわいいバスキャップ
- ボディブラシ／サイザル（麻）のボディタオル
- 自然のオリーブオイルベースの石鹸

助言

筋肉の痛みの緩和に、エプソムソルト・バスを試してください。エプソムソルト——硫酸マグネシウムは筋肉や神経系に効く自然の弛緩薬で、関節や筋肉の痛みを和らげます。エプソムソルト2つかみを熱いお風呂に入れ、15分間浸かってください。

浄化の泥パック

このパックはとても汚れます。これは避けられません。バスルームの隅に安楽椅子を持ってきて上に古いタオルを敷き、泥パックが魔法のように働くのを待つのが理想でしょう。それが無理なら、あまり官能的で楽しい気分にはなれませんが、泥が飛びそうなあらゆる場所に厚手のナイロンを敷きましょう。よい洗剤を使って湯で洗えば、タオルの泥は簡単に落ちます。（それでも、私はやはりこのパックに一番いいタオルは使わないでしょう……）

生あるいは乾燥したラベンダーの花　25g
新鮮なマリーゴールド（カレンデュラ）の花　25g（乾燥なら小さじ4）
新鮮な、香りのよいバラの花びら　25g（乾燥なら小さじ4）
熱湯　225㎖
ヨーグルト　小さじ2
蜂蜜　大さじ1
カオリン粘土　20g
リコリス（カンゾウ）の根の粉末　小さじ1
ネロリ・エッセンシャルオイル　5滴
ローズ・エッセンシャルオイル　5滴
海水（あるいは、ミネラルウォーターに海塩小さじ2を加えたもの）　125㎖
海塩　60g

水差しに花びらを入れ、熱湯を注いで少なくとも30分間浸します。モスリンの布かキッチンペーパー、あるいは目の細かいふるいで漉し、取っておきます。ヨーグルトと蜂蜜でなめらかなペーストを作ります。そこにゆっくりとカオリン粘土、リコリスの根、エッセンシャルオイルを加え、混合物が塊にならないようによく混ぜます。室内に蒸気が上がるようバスタブにかなり熱い湯を注ぎ、ハーブの浸出液と海塩を入れます。最初のペーストに海水（あるいは塩水）を加え、もう1度混ぜます。この泥パックを肌に塗り込みます——目と口部分を避け、顔のてっぺんからつま先までたっぷり塗ってください。10分後、バスタブの湯に浸かり、もう10分間、泥で濁る湯に横たわりましょう。最後に、冷たい水で体と、それからバスタブをすすいでください。

ボディ

ラベンダーと塩のボディスクラブ

　塩は皮膚の剥離に非常に効果的で、肌を活気づけます。もし引っかき傷がある場合、砂糖なら（下記参照）肌に優しく、ヒリヒリすることもありません。

塩（私はモールドンソルトを気に入っていますが、クリスタル塩、海塩、
　食塩、死海塩など、粗塩なら何でもけっこうです）　150g
乾燥あるいは生のラベンダーの花　100g
スイート・アーモンドオイル　375㎖
ラベンダー・エッセンシャルオイル　25滴

　乾燥材料を混ぜ合わせ、密封できる容器に入れます（ゴムパッキンがついているものが理想的）。そこにオイルを注ぎます。使用する塩の種類によって、上までかぶるにはもう少しオイルを加える必要があるかもしれません。手に取り、デリケートな顔以外のあらゆる部分に撫でながら円を描くようにすり込んでください。あとはすすぐか、シャワーで洗い流しましょう。

砂糖の甘いボディスクラブ

砂糖（私は金色のグラニュー糖が好きですが、白でもけっこうです）　150g
乾燥したフェンネルの種　25g
スイートアーモンドオイル　375㎖
スイートオレンジ・エッセンシャルオイル　20滴
イランイラン・エッセンシャルオイル　5滴
パチョリ・エッセンシャルオイル　5滴

　ボウルに砂糖とフェンネルの種を混ぜ合わせ、大きな密封できる容器に入れます。水差しにスイートアーモンドオイルを入れ、エッセンシャルオイルを加え、それを砂糖の上に注ぎます。香りはお好みのエッセンシャルオイルに変えてかまいません。エッセンシャルオイルはトータルで50滴まで加えていいでしょう。今回の特別なブレンドはとても暖かみがあり、セクシーな香りです。

　必要に応じてスイートアーモンドオイルをもう少し加えてください。これは砂糖の粒の大きさによります。お風呂では、スプーンですくいながら、円を描くように肌にすり込んでください。あとはすすぐか、シャワーで洗い流しましょう。

皮膚をはがすヘチマ

　ヘチマは海で採れると私はずっと思っていました。ところが、実際は、この繊維質のバススポンジは庭で栽培することができます。成長時期は初春から晩秋までと長いです。霜の時期が終わると、水平な土地に平たい種を蒔き、蔓がはい上がるように近くにトレリスを立ててください。果実は、最初に霜が下りる前に蔓からもぎ取り、どこか暖かい乾燥した場所に置き、外皮が紙のようになるまで待ちます。皮をむくと、中からスポンジが現れます。種を振り出しておけば、次の年に植えることができます。

　新しいヘチマは水3、漂白剤1の割合の液に浸して洗浄し、漂白剤がすっかり落ちるまできれいな湯ですすぎましょう。使用前に空気乾燥させます。

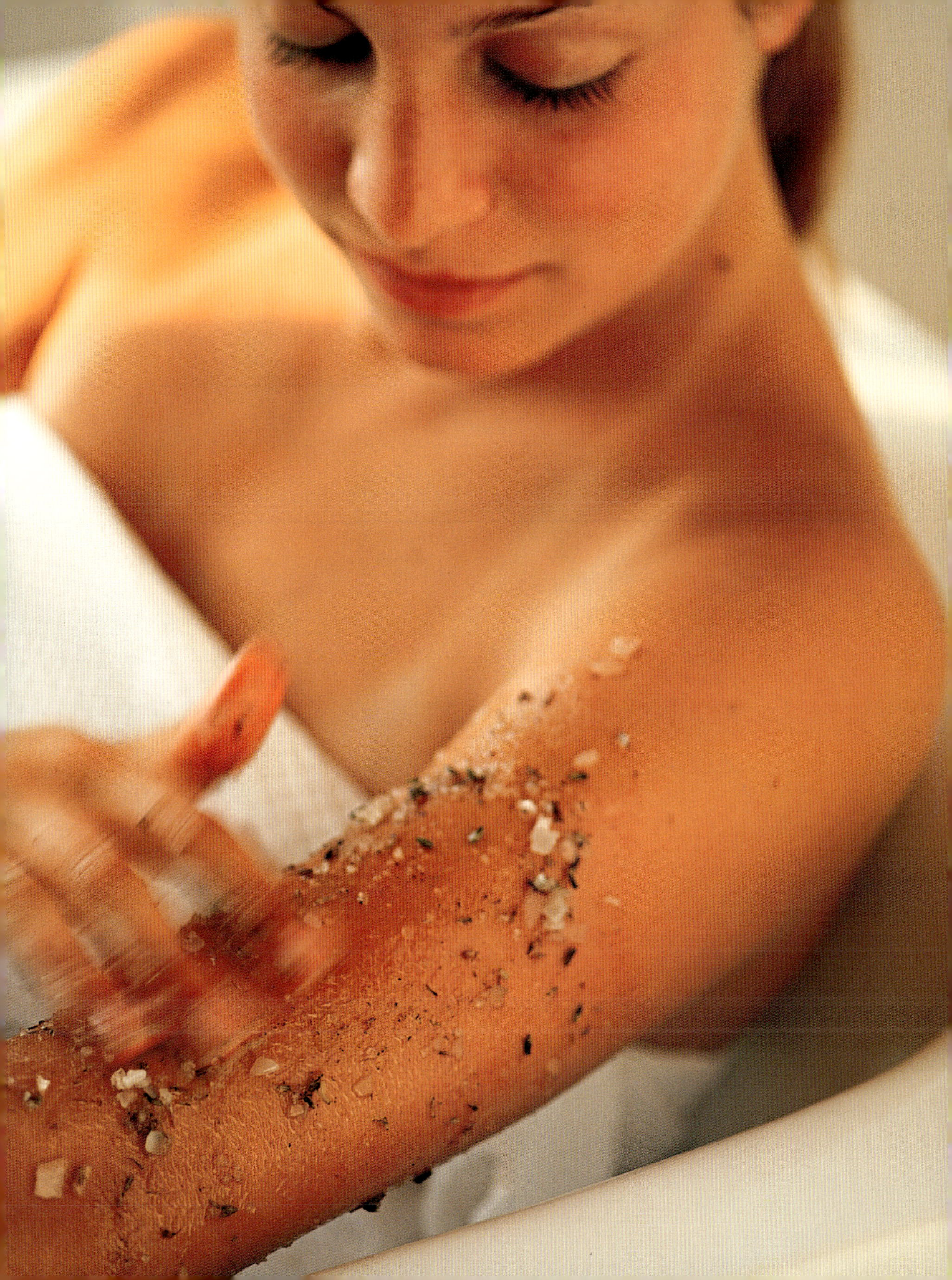

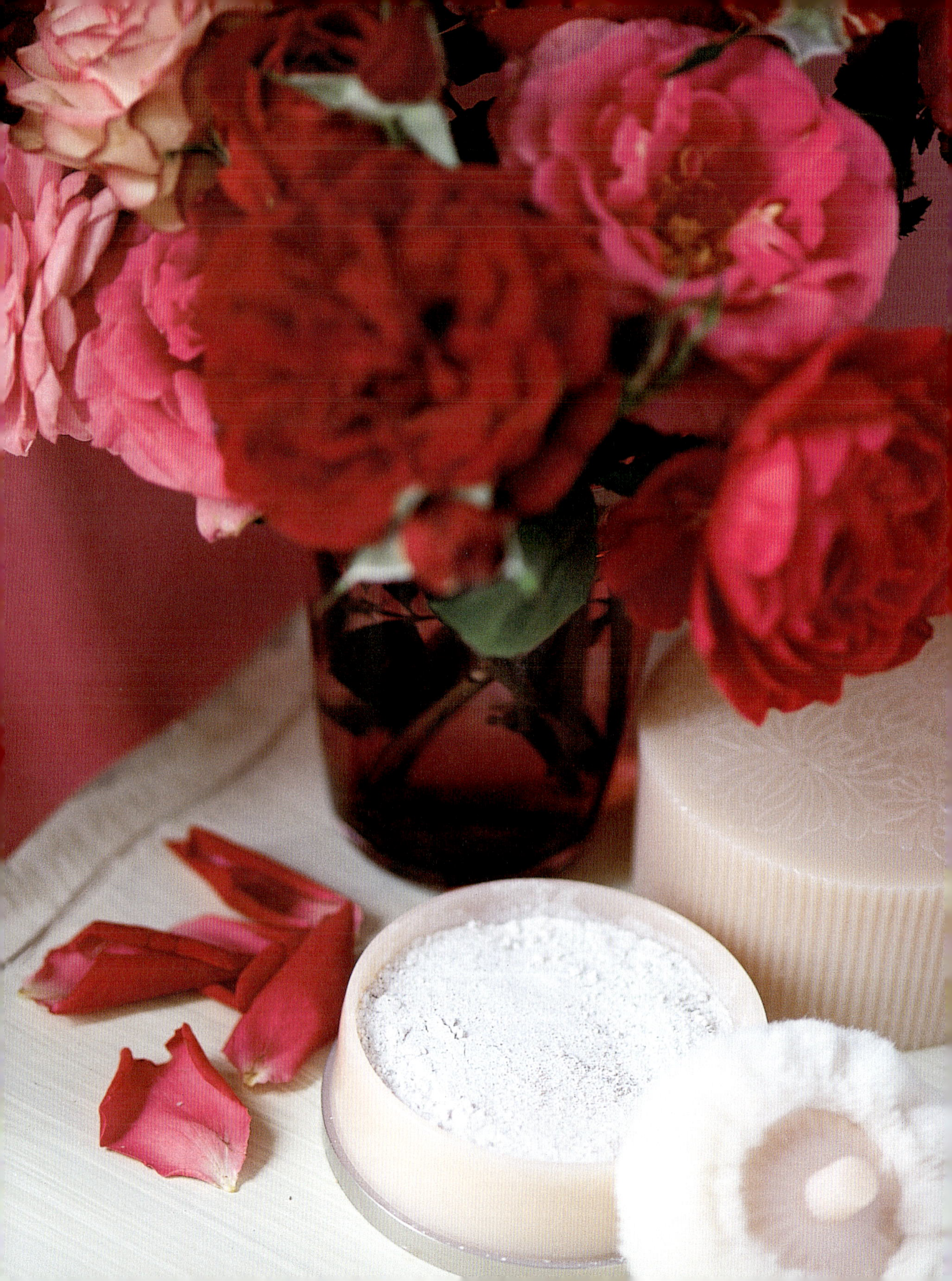

ボディ

バラの花びらとラベンダーのボディパウダー

　個人的に、私はタルク・ベースの製品を使うのは好きではありません。タルクはアルミニウムに関連づけられ、吸い込めば健康に問題があるかもしれないとしてクエスチョンマークのつくものの1つだからです。幸い、私はこれに代わる植物性のものが同様に効果的だと気づきました。バラとラベンダーはパウダーに小さな彩りを添えてくれます。

コーンスターチ　110g
重炭酸ソーダ　55g
乾燥したラベンダーの花　約25g
乾燥したバラの花びら　約25g
ラベンダー・エッセンシャルオイル　2滴
ローズ・エッセンシャルオイル　2滴

　乾燥材料を全部フードプロセッサーに入れ、細かなパウダー状になるまで回します。エッセンシャルオイルを1滴ずつ加え、もう1度混ぜ合わせてください。こうすることで香りが高まります。それから、ふるいを用い、小麦粉をふるうときのように、細かなやわらかい状態になるまで振ってください。清潔な容器に入れ、パウダー用パフを使って体にはたいてください。粉砂糖振りかけ器に入れ、入浴後の肌に振りかけてもいいでしょう。

ローズゼラニウム・ボディパウダー

　ローズゼラニウムで私のお気に入りをあげるなら、"バラの精（Attar of roses）"でしょう。ベルベットのパフか、おばあさんが使っていたようなクラシックな美しいパウダー用パフでこのゴージャスなパウダーをはたいてください。

コーンスターチ　75g
洗って乾かした、生のローズゼラニウムの葉　12枚
ローズ・エッセンシャルオイル　1滴
ローズゼラニウム・エッセンシャルオイル　2滴

　ネジ蓋つきの大きな広口瓶にコーンスターチを入れ、エッセンシャルオイルとゼラニウムの葉を加えます。蓋をきつく閉め、振って混ぜ合わせます。1週間毎日振り、それからゼラニウムの葉を取り除いてください。振りかける場合は、パウダーを粉砂糖振りかけ器に移してください。あるいは清潔な乾いた箱でもいいでしょう。タルカムパウダーの代わりに使ってください。

助言

夏、摩擦や水ぶくれを防ぐために、靴の中にこれらのボディパウダーを振りかけます。

ボディ

クロタネソウの
ボディバーム

　通説によれば、古代ローマの女性たちは夜、クロタネソウ（ニゲラ）の種で作ったお茶やパウダーで胸をマッサージしていたそうです。もしデコルタージュ（肩や首から胸のライン）に優しいケアが必要なら、おろそかにしてはいけません。

ローズウォーター　50mℓ
ホウ砂パウダー　小さじ1/8
クロタネソウ（ニゲラ）の種を潰したもの　10g
すりつぶした蜜蝋　大さじ1
スイートアーモンドオイル　50mℓ
グレープシード・オイル　50mℓ
グレープフルーツシード・エキス　1滴
　　　　　　ビタミンEカプセル　1個

　鍋にローズウォーターを入れて火にかけ、ホウ砂を加えます。液が沸騰しはじめたら、クロタネソウの種に注ぎ、30分から1時間置いて冷まします。二重鍋の内側に2種類のオイルと蜜蝋を入れ、蜜蝋が溶けるまで加熱します（p.153参照）。ローズウォーター・ホウ砂液を漉し、もう一度温めてオイル・蜜蝋液とほぼ同じ温度にします。あて推量を避け、温度計を使用してください。溶けたオイル・蜜蝋液をボウルに移し、ローズウォーター・ホウ砂液をごくゆっくりとそこに加えます。ハンドミキサーを使って、なめらかな濃度の濃いローションになるまで混ぜ合わせてください。そこへビタミンEカプセルを突き刺して中のオイルを加えます。それをネジ蓋つきの広口瓶に移しましょう。肌の乾いた部分にマッサージするようにすり込みながら使ってください。

レディスマントル・
胸用トニック

　引きしめ効果は液の冷たさのせいだけではありません。賢い女性たちは、出産のため、あるいは単なる重力効果でたるんだ胸の改善にレディスマントル（Alchemilla mollis）を処方したものでした。このトニックを2、3週間使用すれば、再びワンダーブラに値する胸になるはずです。

レディスマントルの葉、および／あるいは花　225g
沸騰したての、濾過した雨水あるいは
　　ミネラルウォーター　600mℓ

　大きな耐熱ボウルに葉と花を入れ、熱湯を注ぎ、薬湯を作ります。10分間浸出させながら冷まします。モスリンの布、あるいはフランネルのフェイスタオル2枚をこの液に浸し、余分な液を絞ってボウルに戻してから、布を両方の胸にあてます。10〜15分間、リラックスしてください。残った液はネジ蓋つきの広口瓶に入れ、冷蔵庫に保管しましょう。毎日繰り返してください。

助言

"水分を閉じ込めるために"湿った肌にボディローションやオイルをつけるようにというアドバイスは無視してください。実際、そんなことをすれば、肌につけたものが薄まることになり、効果が弱まるだけです。クリームやローションをつける前は、必ず肌を軽くたたくようにして乾かしてください。

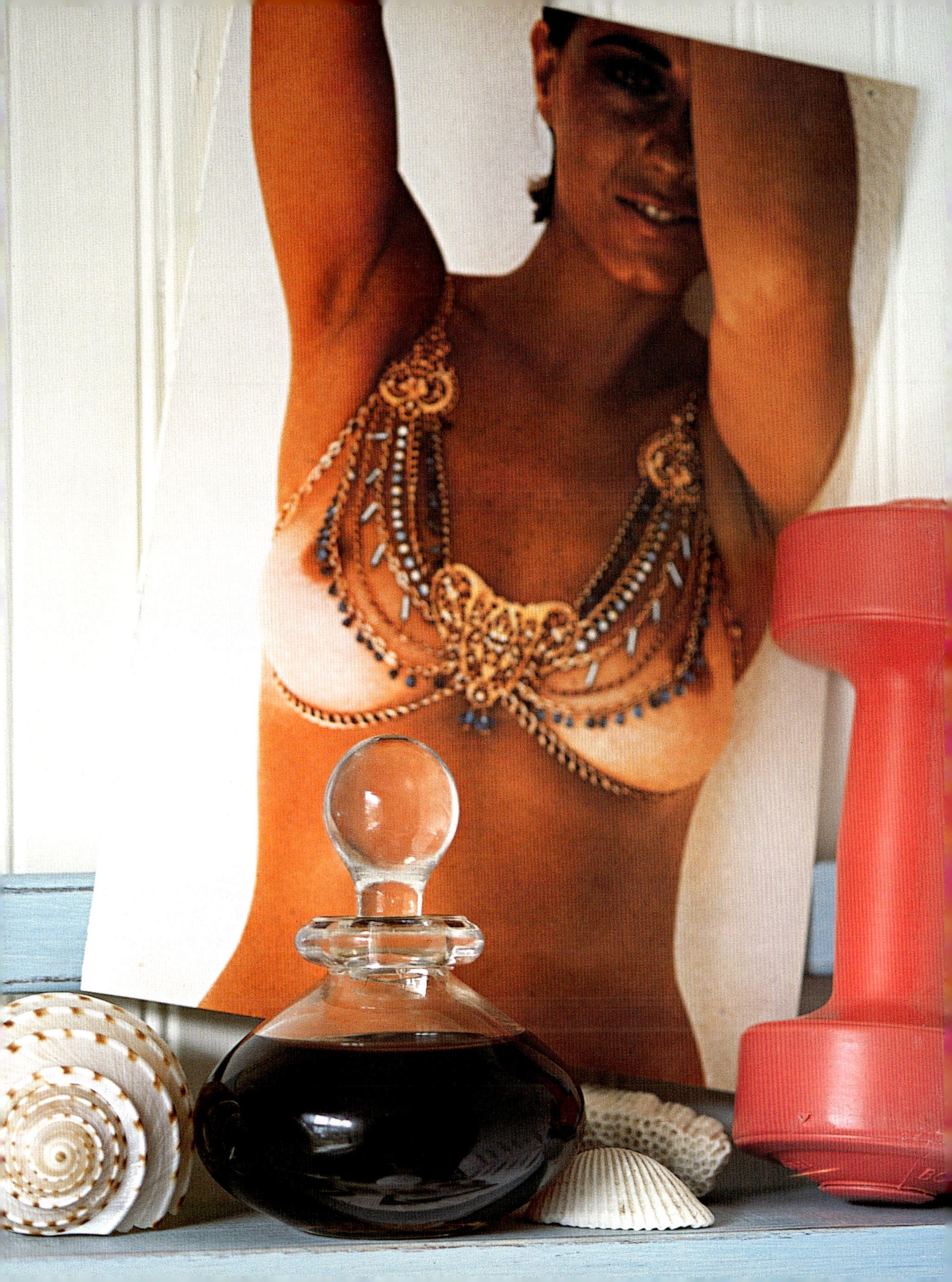

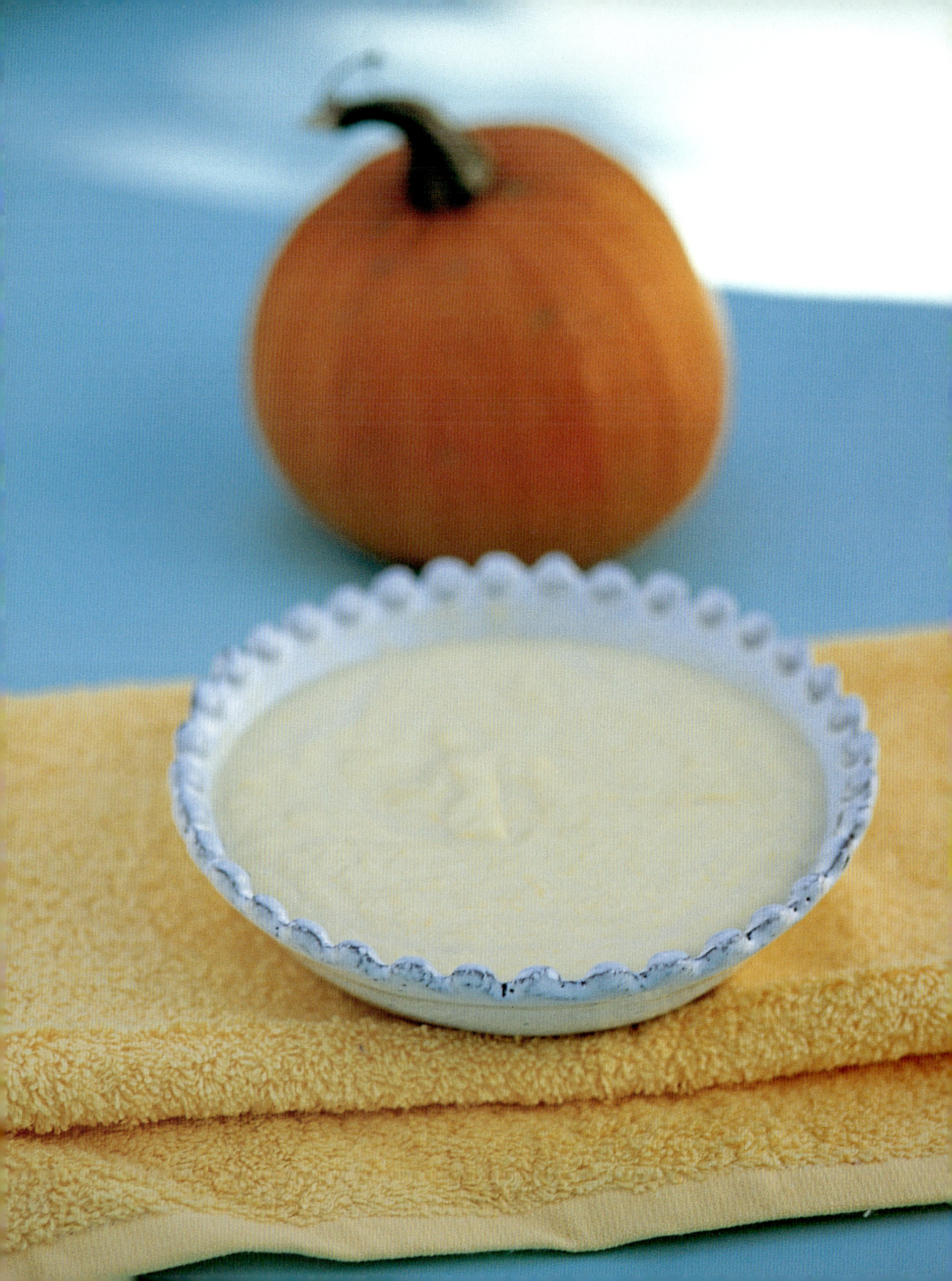

ボディ

カボチャの
ボディパック

　カボチャは自然から採れるフルーツ酸とビタミンAの源で、これらには肌を明るくする効果があります。さらに、カボチャは肌を艶やかに輝かせるだけでなく、他の成分をより効果的に吸収させてくれます。

小さなカボチャ　1個
スイートアーモンドオイル　大さじ1
水
ヨーグルト　225ml
レモン汁　1個分

　カボチャの皮をむき、へたを切り落とします。4つに切り、中央の種とわたをすくい取ります（これは堆肥にすることができます）。カボチャを厚切りにします。それを少量の水とともに鍋に入れ、火にかけます。やわらかくなったら、火からおろし、ポテトマッシャーで潰します。まだ温かい（熱いではありません）うちに、アーモンドオイルとヨーグルト、レモン汁を加えてください。

　温かいバスルームで、この混合物を体にたっぷり塗ってください。（お好みで、髪にもどうぞ。）10分間そのまま置き、温かい湯ですすぐか、シャワーで洗い流しましょう。あとは、軽くたたくように乾かし、モイスチュアライザーやボディオイルをつけます。このボディパックを髪にも使用した場合は、シャンプーし、コンディショナーで整えてください。

キュウリの
ボディローション

　これは暑い時期には本当にさっぱりします。栄養を与えるというよりは軽いつけ心地ですので、肌の乾燥している部分には代わりにボディクリームを塗りたくなるかもしれません。またすぐにしみ込むハンドローションとしても役立つため、蛇口の近くに置き、手を洗って乾かしてから、よくすり込んでください。

皮をむいたキュウリ　5cm
ウィッチヘイゼル・エキス　大さじ1
植物性グリセリン　小さじ1
ローズウォーター　小さじ1
グレープフルーツシード・エキス　2滴
ローズかラベンダーのエッセンシャルオイル（任意）　5滴

　すりこ木とすり鉢でキュウリをすりつぶし、ウィッチヘイゼル、グリセリン、ローズウォーターを加えます。（全部の材料を1分間ミキサーかフードプロセッサーにかけてもかまいません）最後に、グレープフルーツシード・エキスと、使用する場合はエッセンシャルオイルを垂らし、もう一度混ぜます。すると、すっと吸収される、すばらしく軽い、淡いグリーンのローションができあがります。二週間はもつはずです。その後は、新しく作ってください。

助言
キュウリの汁はあらゆる肌タイプによい効果があります。皮は、必ず皮の内側で肌をこすってから捨ててください。化粧を崩したくないなら、首、腕、手の甲につけてもすばらしく効きます。

ボディ

嬉しいボディバター

　蜜蝋がオイルを硬いバター状に変えてくれるため、これならリキッドオイルを使用するときほど汚れません。カレンデュラオイルについてはこのページにある"浸出オイル"テクニックを用いてください（ニールズヤード・レメディーズのレディメイドのオイルで代用可）。

カレンデュラを浸出させた
　　エキストラバージン・オリーブオイル　大さじ1
ココナツオイル　大さじ1
セサミオイル（ゴマ油）　大さじ2
潰したココアバター　50g
蜜蝋　10g
お好みのエッセンシャルオイル（任意）　20滴まで

　全部の材料を二重鍋の内側に入れ（p.153参照）、蜜蝋が溶けるまで弱火で温めます。よくかき混ぜ、少し冷めたら、ネジ蓋つきの広口瓶に移してください。混合液を火からおろしたときに、お好みで、お気に入りのエッセンシャルオイルをブレンドしたものを加え、かき混ぜましょう。

ウルトラリッチ・ボディオイル

　ハーブの力を利用する1番の方法の1つは、オイルに浸して成分を抽出することです。私のお気に入りの化粧品会社の1つ、スペイジア・オーガニックスの創設者であるドクター・マリアーノ・スペイジアは、ハーブオイルを日光のあたる場所に2〜3週間置いてからオイルを使用するそうです。数あるハーブの中でもこの浸出オイルに適しているのは、カモミール、コンフリー、タンポポ、フェンネルの種、ローズゼラニウム、ラベンダー、レモンバーム、マリーゴールド、マジョラム、ペパーミント、ローズマリー、セージ、タイム、ヤロウです。乾燥ハーブがベストです。各オイルに対し、ハーブおよび花大さじ4をコルク栓あるいはネジ蓋つきの透明なガラスの広口瓶に入れてください。そこにスイートアーモンドオイル、グレープシードオイル、エキストラバージン・オリーブオイルを注ぎます。確実に、ハーブがオイルに完全に浸るようにしてください。瓶に蓋をし、10〜15日間、温かい日のあたる場所に置き、毎日振ります。こうすることで、植物の有効成分がオイルに浸出する率が増します。モスリンの布でオイルを漉すときは、ハーブの有効成分を最後の1滴まで引き出すように押してください。必要なら、もう一度漉してください。
　さて、マッサージオイルを作る準備ができました。では、リラックス効果のあるブレンドをお教えしましょう。

カモミール浸出オイル、マリーゴールド浸出オイル、ラベ
　　ンダー浸出オイル、ゼラニウム浸出オイル　各大さじ4
カモミール・エッセンシャルオイル　5滴（任意）
ラベンダー・エッセンシャルオイル　5滴（任意）

　瓶に浸出オイルを注ぎ、混ぜ合わせ、使用する場合はエッセンシャルオイルを1滴ずつ加えます。よく振ってから、オイルが落ち着くのを待ってください。これを体のマッサージに使用しましょう。絶妙かつ微妙な芳香があり、体を癒し、肌を元気にします。

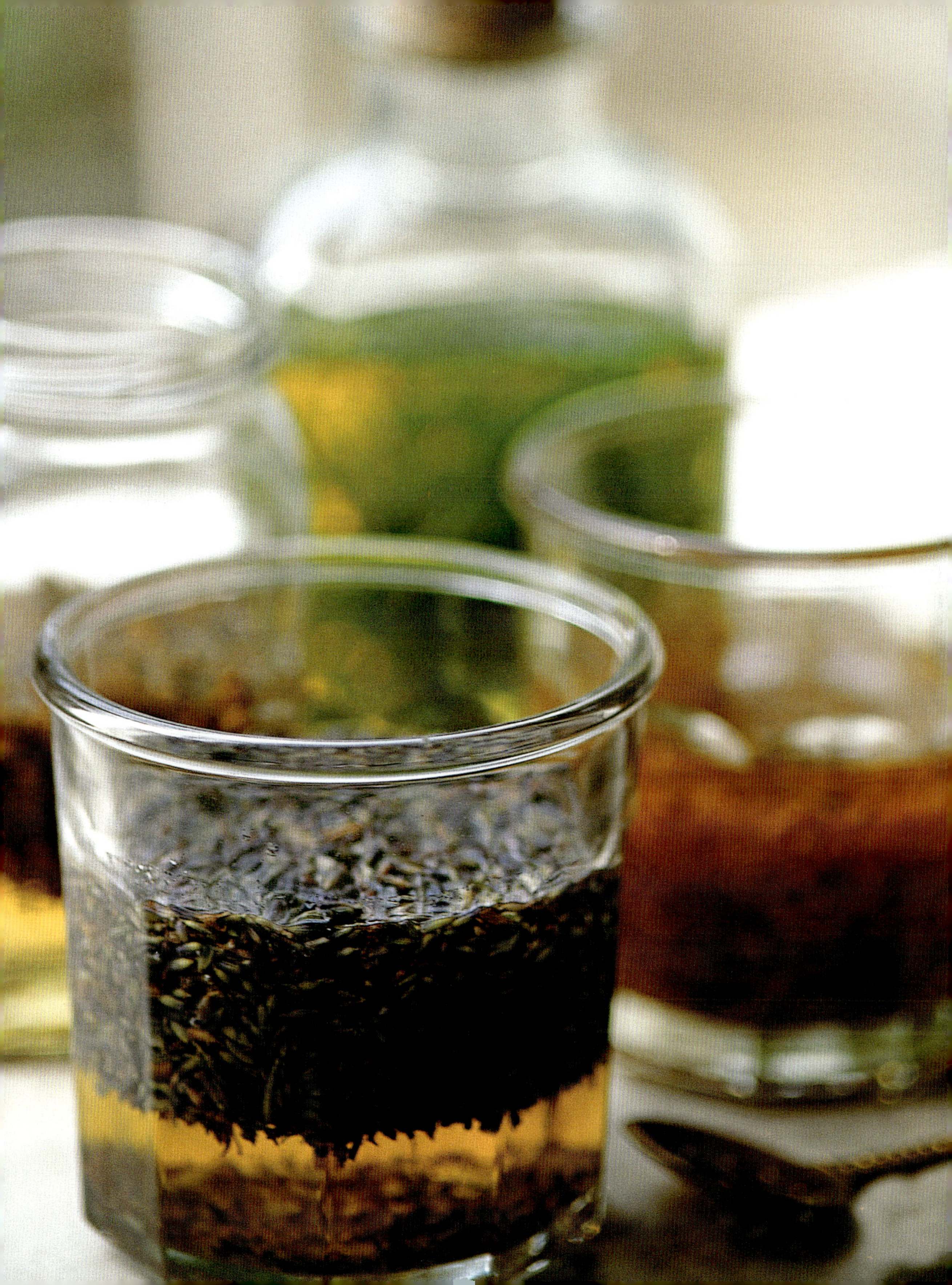

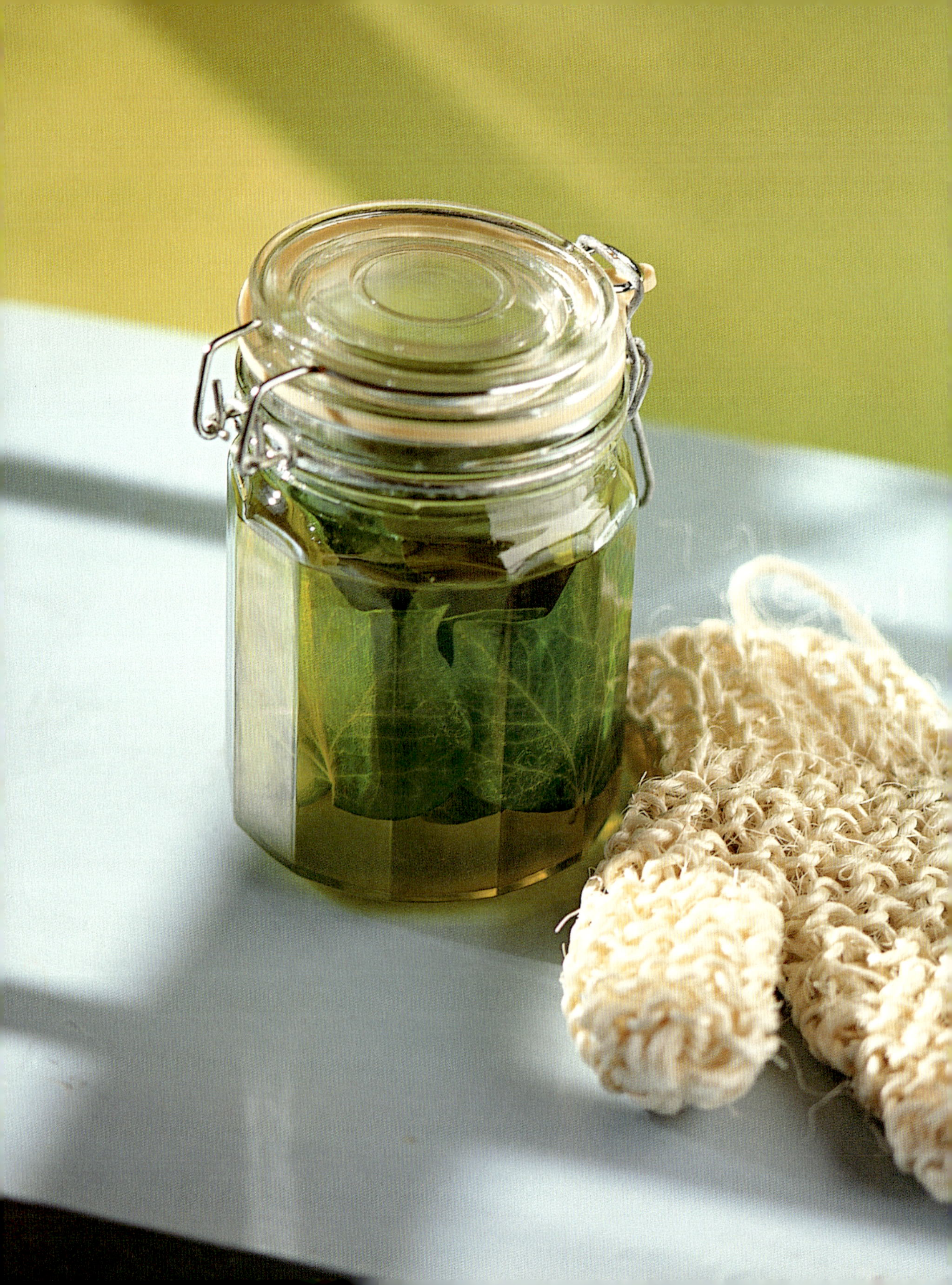

ボディ

ボディ・ブラッシングのしかたについて…

　数分間ボディ・ブラッシングを行うと、20分間歩いたときと同じような爽快感があるでしょう。ブラッシングには古くなった皮膚細胞を落とし、循環を高める力があると私は断言します。私の知るかぎり、定期的にボディ・ブラッシングしている人でヒップにセルライトがある人はいません。それはおそらく、ブラッシングがリンパ系を通じて毒素の排出を促し、脂肪細胞を分解するのを助けるからでしょう。ブラッシングにはヘチマかサイザル麻の手袋か、持ち手の長いブラシ――毛はしっかりしていてもちくちくしないことを確認してください――を使い、上向きに長く掃くような動きで、足からスタートし、両脚、ヒップ、腹部と上へ移動させてください。それから腕に移ります。手からスタートし、両腕、肩とやはり上へ移動させますが、必ずブラシは外から心臓方向に動かします。太腿を強くこすりたいという誘惑に負けないでください。そんなことをすれば、毛細血管を傷つけてしまいます。また、敏感肌の方は、手袋を濡らし、それをお風呂の中かあるいはシャワーを浴びながら、天然素材の石鹸、あるいはソープフリークレンザーを使って使用してください。水が摩擦を減らし、肌が受けるダメージを最小限にしてくれます。ブラッシングは毎日の習慣にしましょう。時々行うのではなく、定期的に行えば、違いが出てきます。

アイビーのアンチセルライト・オイル

　アイビーの葉ならたいていの人はすぐに手に入るでしょうが、もし庭にブッチャーズブルーム（Ruscus aculeatus）があれば、この若枝を少し摘み取り、アイビーの葉と一緒に潰し、オイルに浸して浸出させてください。ブッチャーズブルームは、アイビー同様、解毒効果があり、セルライトを分解させるのに役立ちます。

新鮮なアイビーの大きな葉　15枚
グレープシードオイル　125㎖
小麦胚芽オイル　小さじ1
ジュニパー・エッセンシャルオイル　15滴
フェンネル・エッセンシャルオイル　5滴
ローズマリー・エッセンシャルオイル　5滴

　すりこ木とすり鉢でアイビーの葉を潰し、広口瓶の底に入れ、そこにグレープシードオイルを注ぎます。他のオイルも――エッセンシャルオイルは1滴ずつ――加えます。その混合液を1週間置き、アイビーの葉を漉します。問題のある部分――普通、ヒップや太腿――にマッサージしながらすり込みましょう。まずはボディブラシを使って循環を高めるのが理想的です。装飾として、保管している瓶にアイビーの葉を2、3枚加えれば、美しく見えるでしょう。

ボディ

ラベンダーのデオドラント

　私はずっと前から乳癌と発汗抑制剤の使用には関連があるかもしれないという気がしていました。結局、汗腺は体から毒素を排出する手段なのだから、脇の下の汗を抑えてしまったらどうなるのだろう……と。ですから、私は実際、何年も前に発汗抑制剤を使用するのをやめました。

　現在、科学は、発汗抑制剤と乳癌には実際に関連があるかもしれないと示唆し、私の知っている多くの女性は使用をやめています。その代用品として、このデオドラントは有力でしょう。これは毛穴をふさがず、そのため、体の自然な解毒作用を妨げることはありません。

ウォッカ　250㎖
乾燥したラベンダーの花　50g
新鮮なバラの花びら　50g
ラベンダー・エッセンシャルオイル　10滴
ローズ・エッセンシャルオイル　10滴

　ラベンダーの花とバラの花びらにウォッカを注ぎ、エッセンシャルオイルを1滴ずつ加えます。3週間浸出させてから漉し、普通のデオドラント剤の代わりにアトマイザーに入れて使用してください。ただし、ひどくしみますので、シェービングおよび脱毛直後には使用しないよう、気をつけてください。

助言

体臭に悩んでいて、このページのデオドラントを使ってもなお問題が解決しない場合、原因は毛穴の詰まりにあるかもしれません。体から老廃物を排出できない場合、結果として体臭が出ることがあります。毎回シャワーを浴びる前にそっとドライブラッシングすれば、悪臭の原因となっている老廃物をため込んだ古い皮膚細胞がはがれます（ボディブラッシングの方法については前ページ参照）。
こうすることで循環がよくなり、結果として、より効果的に体から毒を排出する助けとなるでしょう。それでもやはりデオドラント剤が必要だと感じるかもしれませんが、使用量は以前よりも少なくていいはずです。

他にも自然なデオドラントが…

　シトラス（柑橘類）の皮は肌にさわやかで清潔感のある香りを添えてくれます。また、皮に含まれるクエン酸は皮膚表面の細菌退治にも役立ちます。オレンジやレモン（あるいはそれを半分ずつ）の皮をきれいにむき、このページのレシピにあるラベンダーの代わりに使い、香りを高めるために、スイートオレンジとレモンのエッセンシャルオイルをそれぞれ5滴ずつ加えてください。

　ラビジを左にあるレシピのラベンダーの代わりに使うこともできます。セロリの香りのするこのハーブは効果的に肌を洗浄し、臭気を除去します。ただし、新鮮な摘みたてのハーブを使うこと。

　ローズウォーターには収斂性と鎮静効果があります。さわやかなミストとして全身に吹きかけてください。ただし、深刻な体臭にはここに示したほかの成分ほどの効果はありません。

　ウッチヘイゼルは脇の下の毛穴を引きしめ、臭気を取り除くのにとても効果的です。それだけで、乾燥効果があるため、50㎖のウィッチヘイゼルに植物性グリセリン大さじ1を加え、お好みのエッセンシャルオイル10滴を垂らしてください。ローズ、ラベンダー、メリッサ（レモンバーム）、あるいはシトラスオイルを組み合わせれば、汗を撃退する甘い香りのブレンドになるでしょう。

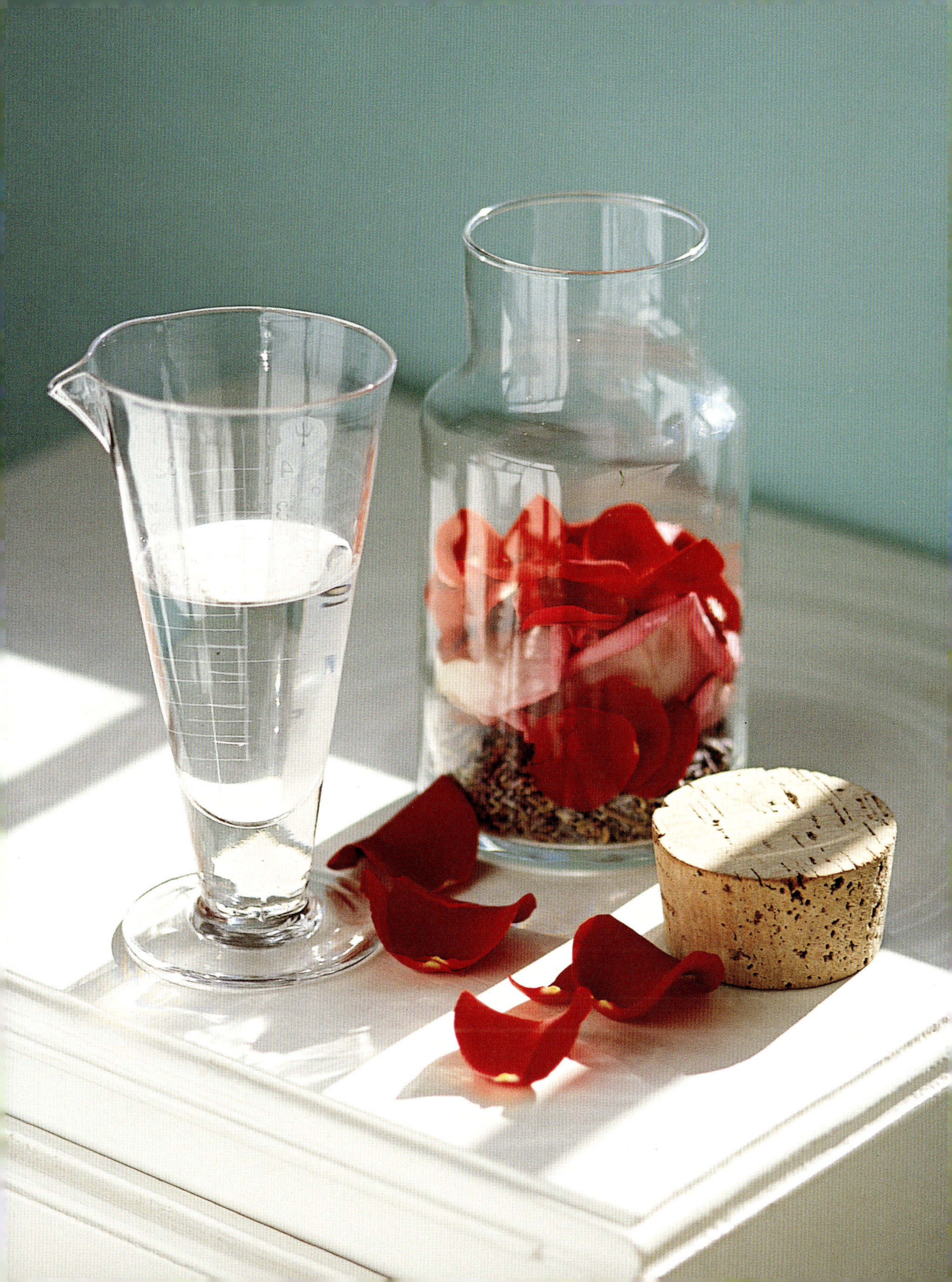

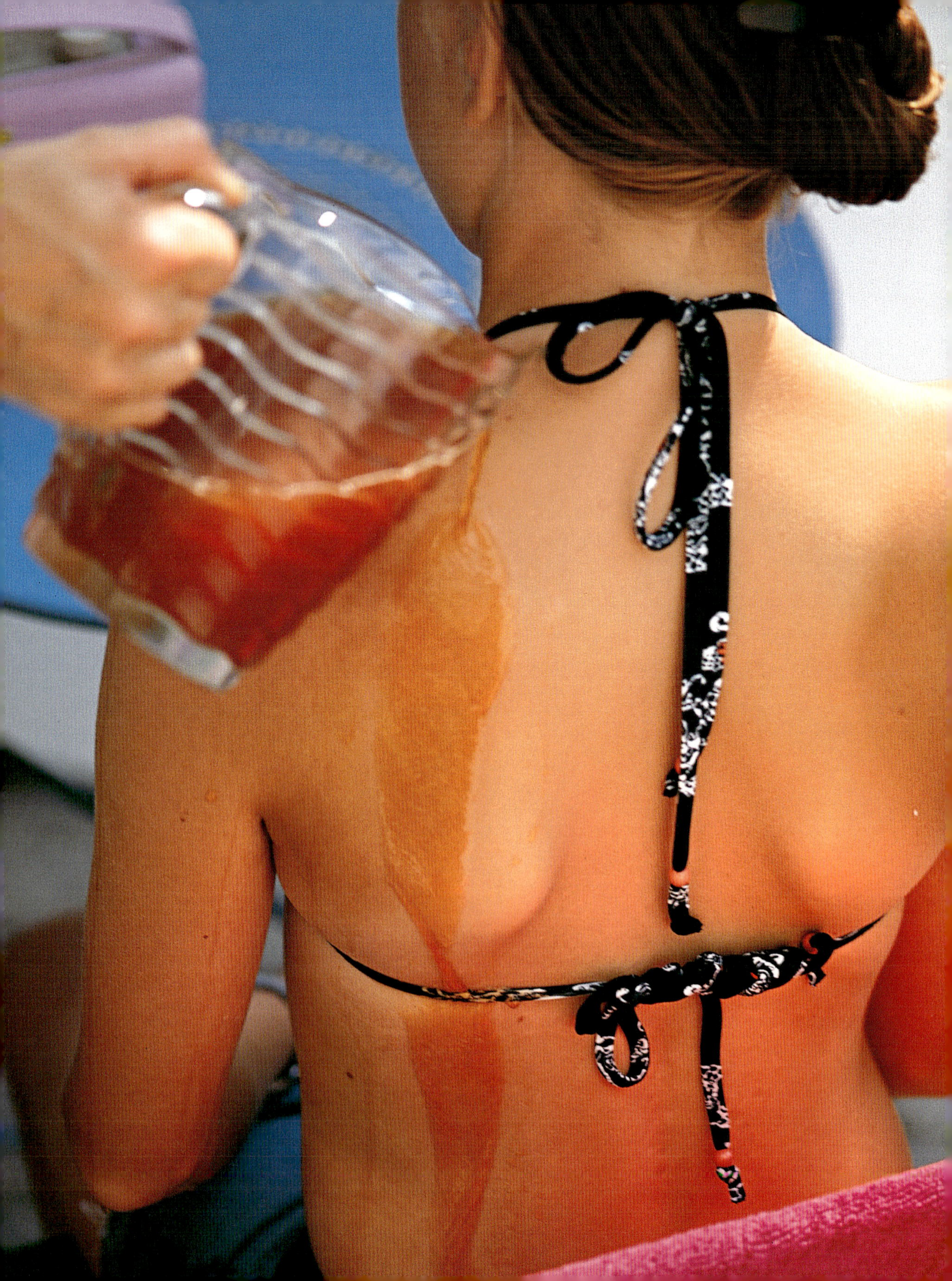

ボディ

日焼けを癒すアロエの鎮痛剤

アロエのジェルはべたべたした感触が残りますが、たちまち肌を冷やし、癒してくれます。

アロエの葉　1枚

これほど簡単なものはありません。アロエの葉を半分にスライスし、患部にゆっくりとすべらせてください。これを好きなだけ繰り返します。

日焼けを癒すミントとブラックティーの日焼けローション

これは冷蔵庫から出してすぐに使いましょう。日焼けによる熱をたちまち冷ましてくれます。

新鮮なミントの葉　110g
ブラックティー・バッグ　3〜4個
熱湯　1ℓ

ミントとティーバッグに沸騰した湯を注ぎ、蓋をして10分間待ち、漉します。冷めたら、ガラスの広口瓶に移します。コットンを使って日焼けした肌につけましょう。ブラックティーのタンニン酸は日焼けした肌から熱を取り、皮膚の酸のバランスを回復してくれます。また、ミントには即効性の冷却効果があります。この混合液は2、3週間冷蔵庫で保存できます。

他に日焼け後のお手入れとしては…

肌がピンクになったときすぐにヨーグルトを塗ると、日焼け防止に役立ちます。肌を冷やし、重要なペーハーバランスを回復することで、肌がより早く癒されるからです。できたら、成分無調整のオーガニックなプレーンヨーグルトを使ってください。肌でヨーグルトが暖まるまでそのまま置き、ぬるま湯で洗い流したら、もう一度塗ってください。冷蔵庫から出したばかりのヨーグルトをつけるととても気持ちよく効き、その部分の熱を取ってくれます。

日焼けは、イチゴを使って冷やすこともできます。**イチゴ**を潰して患部に塗り、5分間そのまま熱を取ります。あるいは、ヨーグルト大さじ1にイチゴ2個を加えて潰し、顔に塗ってください。たちまち、焼けた肌が楽になります。

ウィッチヘイゼル、キュウリの汁、リンゴ酢は、過度に熱くなった肌を鎮めるのに役立ちます。水225mlに3つのうちの1つを大さじ1加え、スプレー瓶に入れ、必要に応じて肌に吹きつけるだけです。

ただし、当然、日焼けに関しては、常に治療よりも予防が大切です…

私は肌に化学薬品からできているサンスクリーンを使いたくありません。だから、代わりに、鉱物成分（二酸化チタンや酸化亜鉛）を"サンブロック"として利用して作られたサンクリームを塗ります。これは、ダメージを引き起こす前に皮膚にあたる光を跳ね返してくれます。ドクター・ハウシュカとリズ・アール・ナチュラリー・アクティブは、化学薬品によるサンスクリーン剤ではなく、自然の鉱物性サンブロックを用いた優れた日焼け対策化粧品を作っています。

足

ローズマリーのフットバス

　このレシピにあるミントとローズマリーは、自然の力で足を冷やし、元気を回復してくれます。また、牛乳の乳酸には、癒し効果があります。ボウルの底に小石やビー玉を入れ、足を浸しながらつま先で転がせば、身も心も──足裏も、完全にリラックスします。

牛乳　225㎖
新鮮なミントの葉　50g
新鮮なローズマリーの大き目の枝　6本
ペパーミント・エッセンシャルオイル　6滴

　小さな鍋に牛乳と新鮮なハーブを入れ、弱火にかけ、15分間煮ます。鍋を火からおろし、両足が浸せるくらいの大きさのボウルに移して、湯か冷水を加えて満たします。あるいは、牛乳をもう少し加えるのがベストでしょう。ペパーミント・エッセンシャルオイルを1滴ずつ加え、混ぜ合わせてください。

汗を抑えるフットスプレー

　サイプレス、ローズマリー、パチョリは、有効な抗菌性および脱臭性を持つ植物です。このスプレーは、湿った温かい環境を最も好んで繁殖し、悪臭の原因となる細菌を効果的にやっつけてくれるでしょう。たとえば、あなたの靴とか…。

ローズマリー　2枝
蒸留したウィッチヘイゼル　125㎖
サイプレス・エッセンシャルオイル　35滴
パチョリ・エッセンシャルオイル　5滴

　スプレー瓶にローズマリーの枝を入れ、他の材料を全部加え、よく振ります。1日2回使用し、夏は持ち歩きます。必要なら、タイツの上からスプレーしてもかまいません。

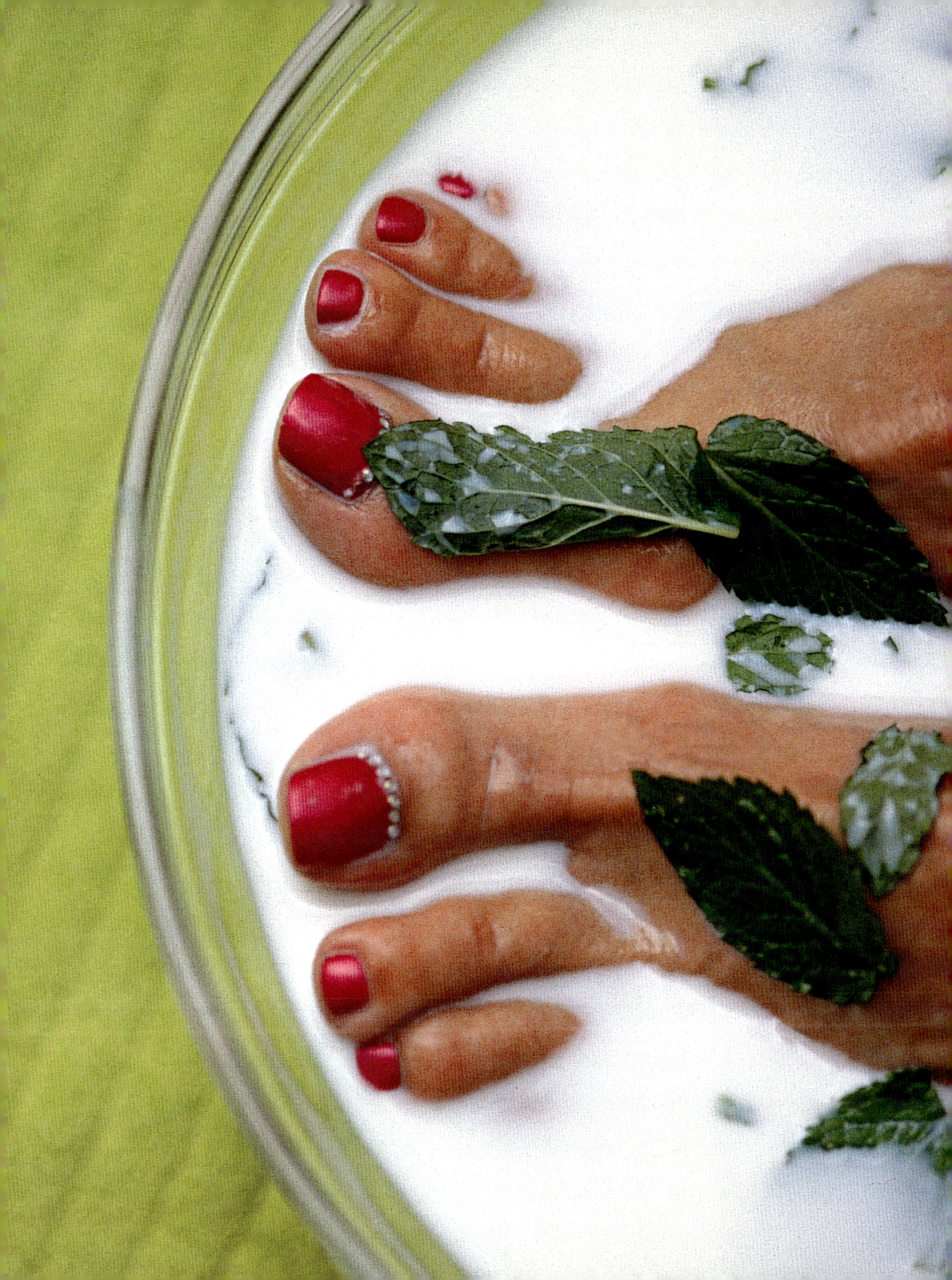

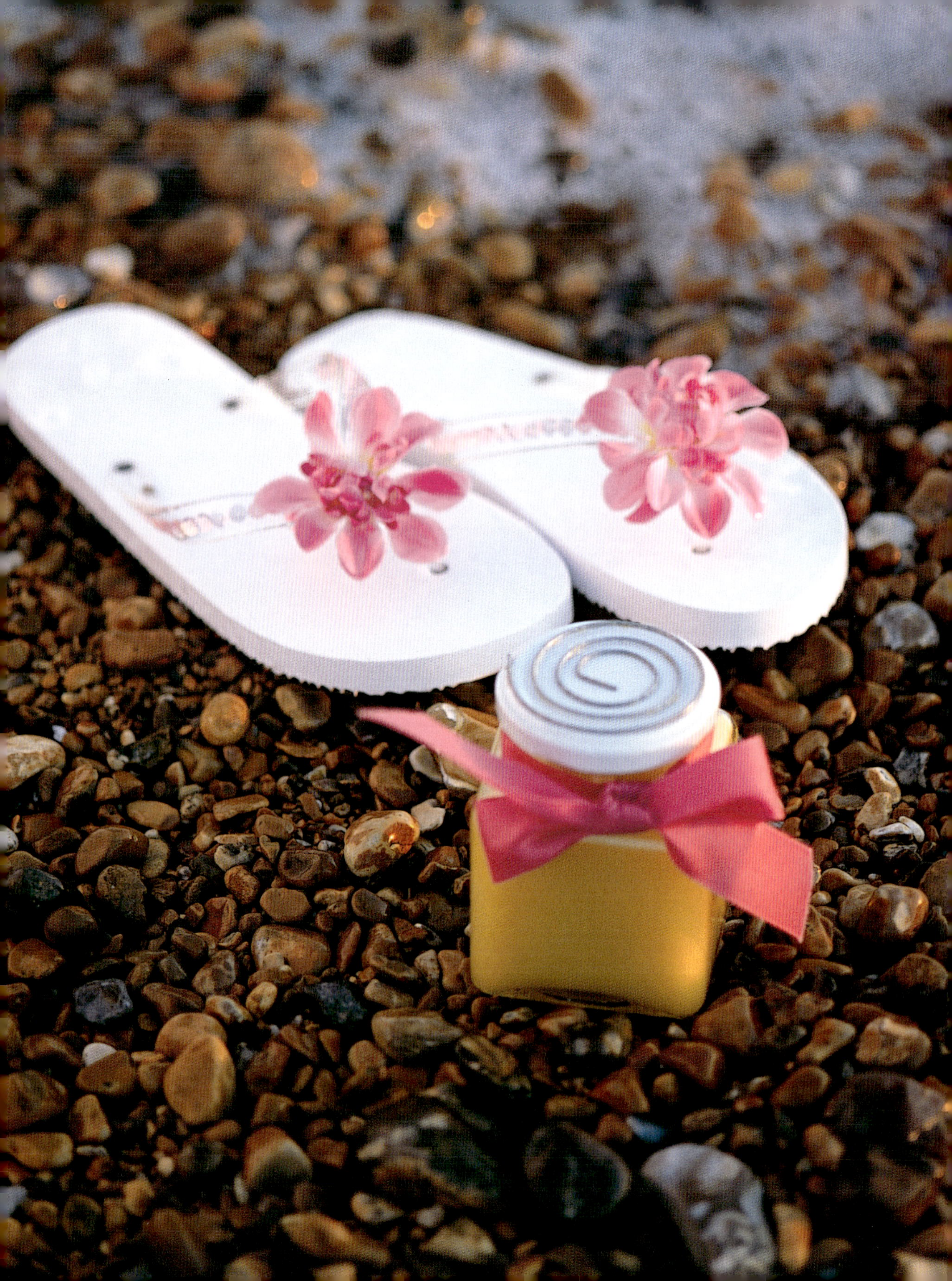

自分でできる
フットケア

- 熱過ぎない、温かい湯を入れたフットバスに5〜15分間足を浸します。あるいは、夜の入浴後にマサージしましょう。マッサージする前にタオルで乾かします。
- 座り心地のいい椅子で、1方の脚の上でもう1方の脚をクロスさせ、足裏が自分に見えるように座ってください。
- 足を上げ、痛くない程度に押したり揉んだりしながら円を描くように親指でマッサージします。それぞれ細かい部分に集中して行い、徐々に足指からかかとへと動かし、足の体液を心臓方向へと移動させます。マッサージしながら、"結晶化"したり節になったりしている部分がないか注意を払ってください。足裏のマッサージは特に、緊張を追い散らすのに役立ちます。
- 足を表に向けてください。両手の親指で優しく足の指を引っぱったり、親指と人差し指で左右に動かしたりします。
- 足を換え、同じマッサージを繰り返します。できるだけ時間をかけましょう。10〜15分なら申し分ないでしょう。でも、私の経験では、3分しか時間が取れなくても（片足につき1分半ずつ）、やはり効果はあります。

ペパーミントのフットバーム

　リッチな、肌をやわらかくするフットマッサージにこのバームを使ってください。荒れたかかとを信じられないほどなめらかにしてくれます。きっと、最高にエレガントなマノロのミュールも似合う足になるでしょう。

カレンデュラの花24個分の花びら
　（あるいは、乾燥したカレンデュラの花　10g）
スイートアーモンドオイル　75mℓ
アボカドオイル　大さじ1
蜜蝋　20g
ペパーミント・エッセンシャルオイル　40滴

　瓶の底にカレンデュラの花びらを入れ、そこにオイルを注ぎます。カレンデュラがオイルに浸出するのを早めるため、直射日光のあたる場所に置きます。3週間後、目の細かいふるいで漉し、カレンデュラを潰して栄養分を最後の1滴まで絞り取ります。二重鍋の内側にオイルと蜜蝋を入れ、溶けるまで加熱します(p.153参照)。火からおろして少し冷めたら、ペパーミント・エッセンシャルオイルを1滴ずつ加え、殺菌した広口瓶に移しましょう。私は、毎晩、足を洗って完全に乾かした後、これを使っています。
　私の漢方療法士は、中国では足を洗うのは夜の儀式だと話していました。中国人は毒素や病原菌は足を通して排出されると信じているため、再び吸収されないよう就寝前に洗い流すことが重要だそうです。私に言えるのは、風邪をひいたり流感にかかったりするのが知人たちより少ない気がするということでしょう。それに、このバームのおかげで、私の足はなめらかでやわらかいです。

他に足が好むのは…
足の元気を取り戻すのにとても役立つハーブはほかにもいくつかあります。気持ちよく足が浸るくらいの分量のお茶をハーブで作ります(p.153参照)。まだ温かいうちにそこに足を浸しましょう。すぐに爽快な気分になりたいならラベンダー、足が疲れているならホーステイル（汗を減らしたいときも）、きれいにしたいならタイム、強力な天然のデオドラント効果を期待するならラビジを試してください。

手

レディスマントルのハンドオイル

　手を慰め、やわらかくするこのオイルは冷蔵庫に保管し、毎日つけてください。手を洗った後に使用すれば最高です。

新鮮なレディスマントルの葉と花　10g、乾燥したものなら5g
新鮮なレモンバームの葉　10g、乾燥した葉なら5g
濾過した雨水あるいはミネラルウォーター　150mℓ
レモンジュース　50mℓ
ウォッカ　30mℓ
スイートオレンジ・エッセンシャルオイル　4滴
植物性グリセリン　大さじ4

　レディスマントルとレモンバームを刻み、水と一緒に鍋に入れます。沸騰させ、10分間煮たら火からおろし、完全に冷めたら漉します。この浸出液大さじ4を、殺菌したコルク栓かネジ蓋つきの瓶に入れます。そこに他の材料を加え、密封します。よく振ってください。

助言
顔のパックは手にもびっくりするほど効きます。洗浄したり、潤いを与えてくれます。今度この本にあるフェースパックを試すときは、手にも塗ってみてください。10～15分間タオルの上に手を休めていれば、魔法のような効果が現れます。

レディスマントル
Alchemilla mollis

　レディスマントルがどこにでもはびこるその様子はとうていレディらしくはありません。レディスマントルは、岩の裂け目、敷石の間、ごく小さなひどく荒れ果てた場所の建物のひび割れにも自生します。だから、私はレディスマントルが好きです。

　さて、私たちが必要とするのはこの植物の葉です。葉には収斂性があり、ハーブの言い伝えによると、吹き出ものを治療し、皺を防ぐそうです。北部では、女性たちは伝統的に、胸を引きしめるためにレディスマントルの煎じ液（p.153参照）を使用しています。また、擦り傷による出血を止めるのに役立つと評判です。泡のような小さなライムグリーンか黄色の星に似た花は何ヵ月も咲きます。本当にとても華やかです。

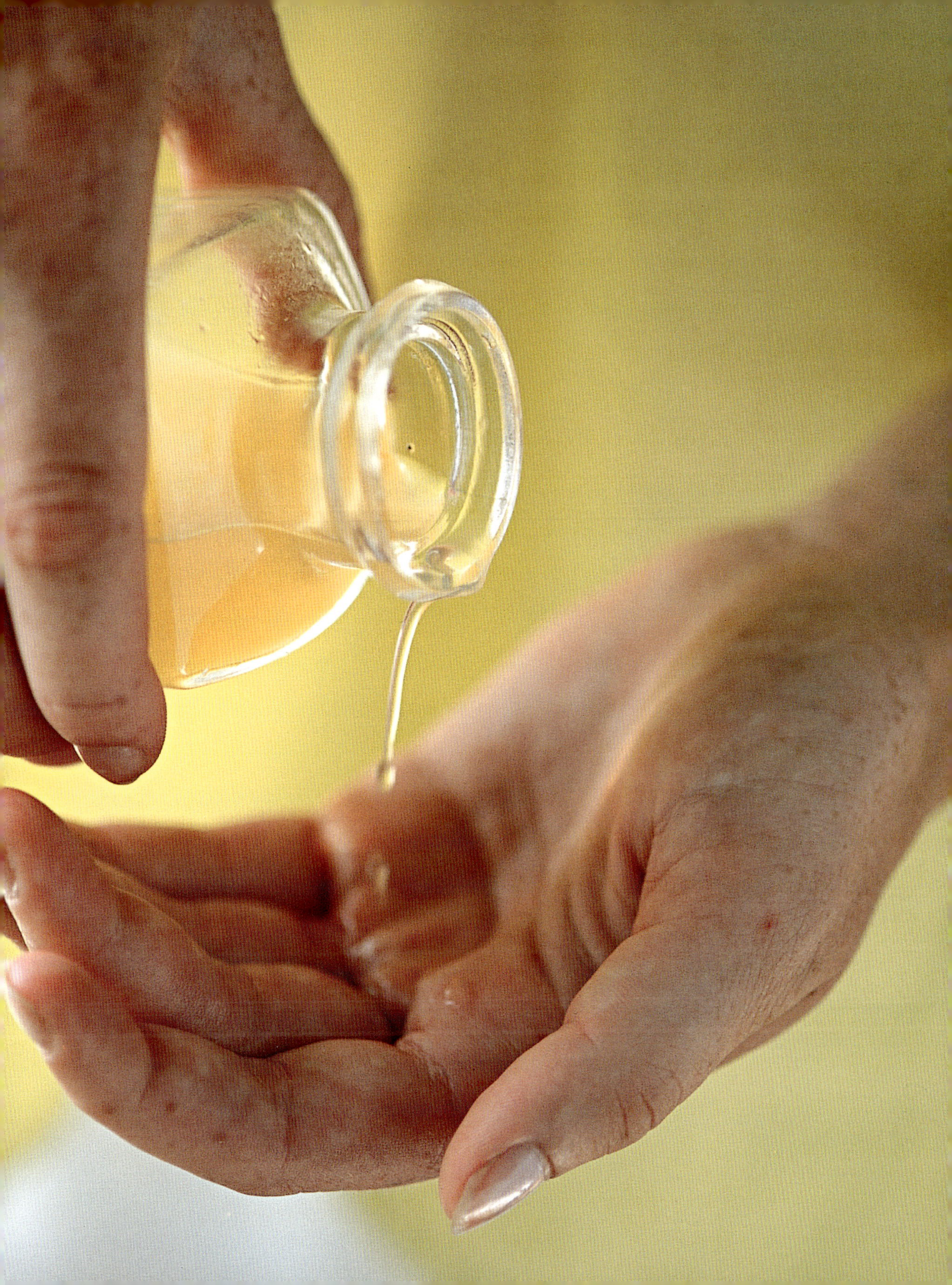

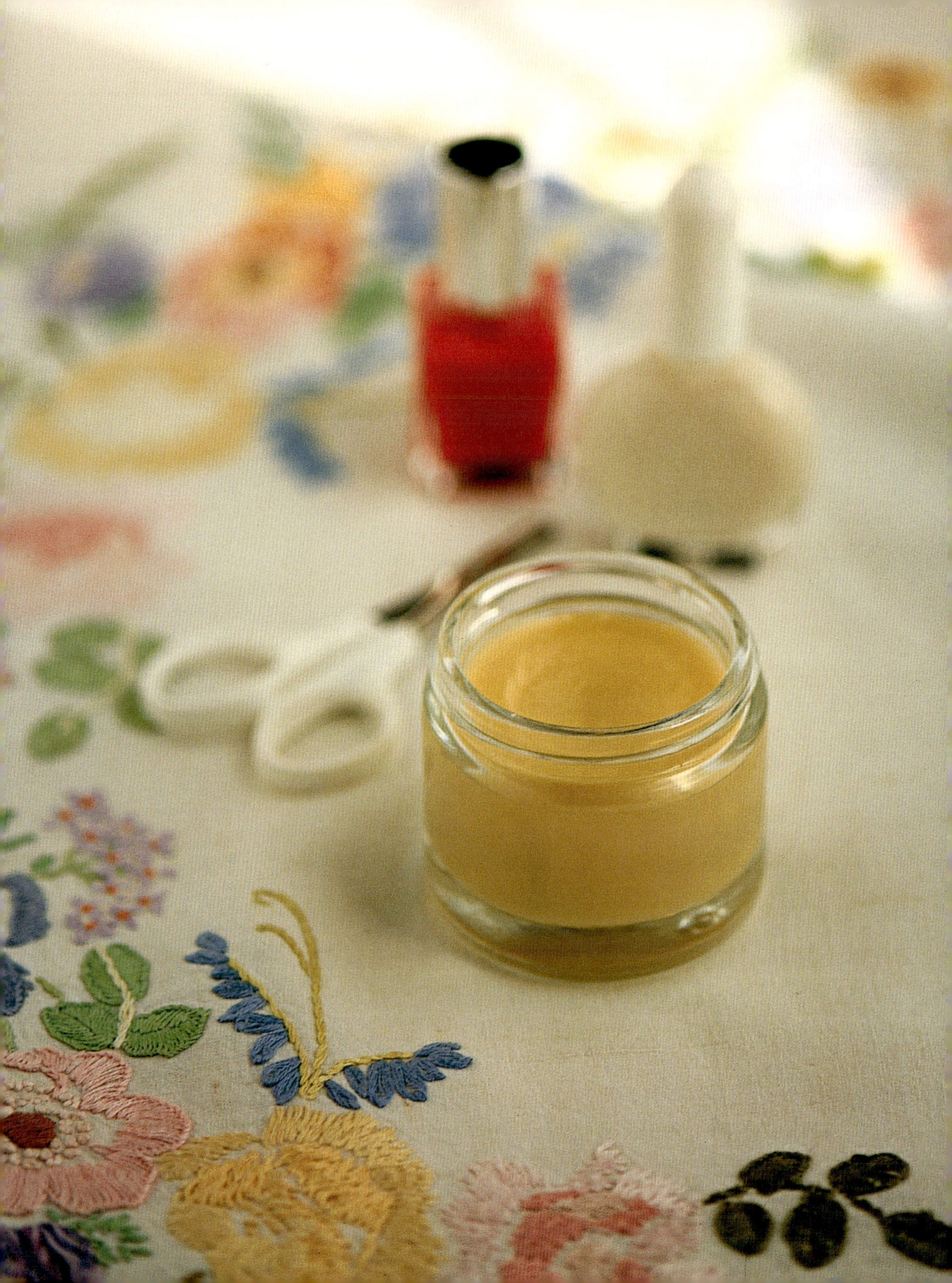

手をいたわる
マーシュマロウのハンドクリーム

マーシュマロウ
(ウスベニタチアオイ)
Althaea officinalis

　ギリシャ人とローマ人はマーシュマロウの大ファンでしたが、このハーブは先史時代から使用されていたと言われています。この名前は"治療する"という意味のギリシャ語、althaに由来します。マーシュマロウに治療効果や抗炎症性があるという手がかりとなるでしょう。

　この性質は化粧品でも大いに役立ちます。糖分を含む根はべたべたした粘り気のある粘液を出します。これをクリームやローションに混ぜれば、驚くほど肌が落ち着き、癒され、やわらかくなります。コンディショナーに入れれば、髪につやを出すのにも効果的です。また、脂性肌を整え、吹き出物を抑え、刺激反応を緩和するとも言われています。一般に、乾燥根──自分で育てて乾燥させても、ハーブ専門店で買ってもかまいません──は、煎じ液 (p.153参照) にされますが、ハンドクリームのレシピにあるように、新鮮な葉も役立ちます。

　この低木のような魅力的な宿根草 (タチアオイの近種) は、グレーがかった緑の大きな葉とピンクの花をたくさんつけます。しかし、根を採取するために引き抜く必要があるため、惜しみなく使えるよう、たくさん育てましょう。マーシュマロウは水に濡れた土地を好むため、土には常に湿り気を保ってください。(なんと言っても、"マーシュ (湿地) "マロウですから。)

　これは、家事や庭仕事をする手を優しくいたわる信じられないほどすばらしい保護クリームです。また、乾燥した荒れた手に自然な潤いを与え、なめらかにしてくれます。

マーシュマロウの葉 (生でも乾燥でも)　10g
ミネラルウォーター　200㎖
蜜蝋　10g
ココアバター　10g
スイートアーモンドオイル　50g
グレープフルーツシード・エキス　4滴
スイートオレンジ・エッセンシャルオイル　10滴
レモン・エッセンシャルオイル　10滴

　マーシュマロウの葉と水を鍋に入れ、沸騰したら、約10分間煮てください。火からおろし、生温くなるまで冷ましたら、漉し、40㎖を計って取り分け、鍋に戻します。二重鍋の内側にオイルを入れ、蜜蝋とココアバターを加え、溶けるまで熱します (p.153参照)。マーシュマロウの液をもう1度火にかけ、ほぼ沸騰するまで温め、そこに蜜蝋の混合液を少しずつ加えます。(液が冷たいと、オイルが固まってしまいます。) 混合液を加えたら、ハンドミキサーで混ぜ合わせ、クリーミーな乳状液を作ります。最後にグレープフルーツシード・エキスとエッセンシャルオイルを1滴ずつ加えます。殺菌済みの乾燥した広口瓶に移し、密閉してください。予備のクリーム瓶は新鮮さを保つために冷蔵庫に保管してかまいませんが、使用中の瓶は冷蔵する必要はありません。

手

爪と甘皮の栄養クリーム

ホーステイルはシーズンである春に摘むのが一番ですが、いつでもかまいません。また、生のホーステイルが手に入らなければ、乾燥したものでもいいでしょう。また、安息香樹脂は防腐性があり、天然の保存料となるだけでなく、甘皮や爪床に大変栄養を与えてくれます。

新鮮なホーステイル　50g、あるいは乾燥ホーステイル　25g
オリーブオイル　150ml
蜜蝋　大さじ1
ビタミンEオイル　10滴
安息香樹脂　5滴
ラベンダー・エッセンシャルオイル　15滴（任意）

ホーステイルを摘み取り、一晩布の上に置いてしおれさせます。二重鍋の内側にオイルとホーステイルを入れて火にかけ（p.153参照）、30分間煮ます。蜜蝋は潰すか、刻みます（顆粒を使用しない場合）。ホーステイルを漉し、オイルを二重鍋に戻します。そこに蜜蝋を加え、溶けるまでかき混ぜます。火からおろしたら、すぐに安息香樹脂とビタミンEオイルを加えます。（これにはスポイトを用いるのがベストです。）かき混ぜてから、小さな広口瓶に移し、まだ液状のうちにエッセンシャルオイルを1滴ずつ加え、お箸でかき混ぜます。完全に冷めたら密封してください。強くしなやかな割れにくい爪にするために、毎晩就寝前に使用しましょう。

爪を元気にするオイル

ホーステイルは二酸化珪素がとても豊富です。二酸化珪素は（鉄、マグネシウム、カリウムといったミネラル同様）びっくりするほど爪を強くしてくれます。2、3週間使用すれば、あなたの爪は強くしなやかな理想の爪になるはずです。爪を強くするという市販の商品はたいてい硬くなりすぎるのですが、折れそうなほど硬い爪にはしたくないでしょう。

細かく刻んだ新鮮なホーステイルの茎　20g、
　　あるいは乾燥ホーステイル　10g
スイートアーモンドオイル　大さじ2、
　　あるいはニームオイルならさらによいでしょう

ホーステイルとオイルを二重鍋の内側に入れ（p.153参照）、弱火で熱します。冷めたら、液全部をネジ蓋つきの広口瓶に移します。1週間日当たりのいい場所に置き、それからオイルを漉してください。毎晩使用しましょう。何もつけていない爪に塗り、甘皮にマッサージしながらすり込み、血流を刺激するのが理想的です。爪を強くする究極のトリートメントを望むなら、週1回、二重鍋でこのオイルを軽く温め、20分間爪を浸してください。このオイルは何度も使えます。使ったら瓶に戻しましょう。

助言

爪を白くするためには——特にマニキュアの使用で黄色くなった爪の場合——レモンジュース小さじ1をオレンジフラワーウォーター大さじ1と混ぜ合わせます。清潔な、密封できる容器に保管し、1日1回、液をコットンにつけて爪を拭いてください。そのあとは手と甘皮に潤いを与えましょう。

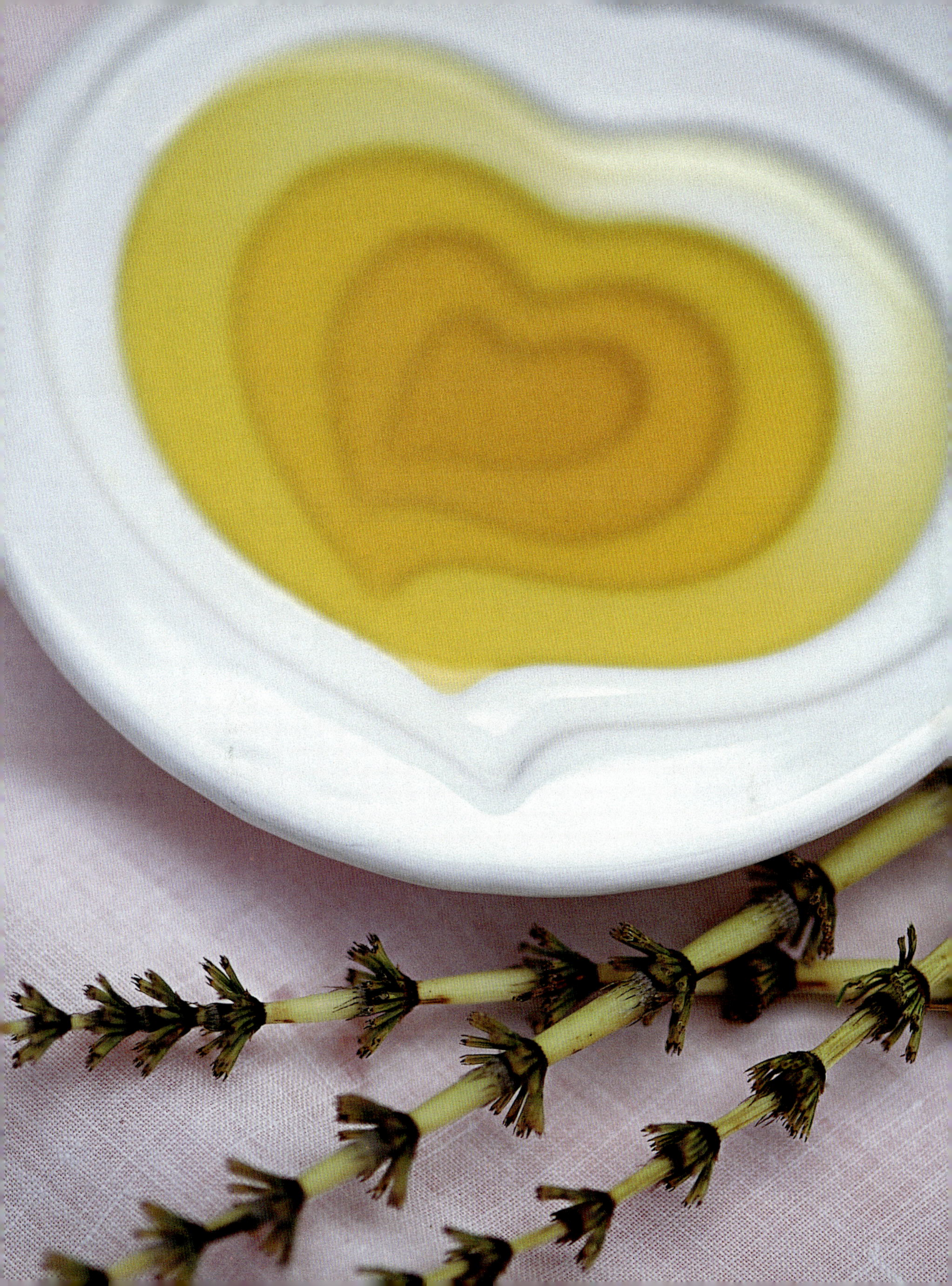

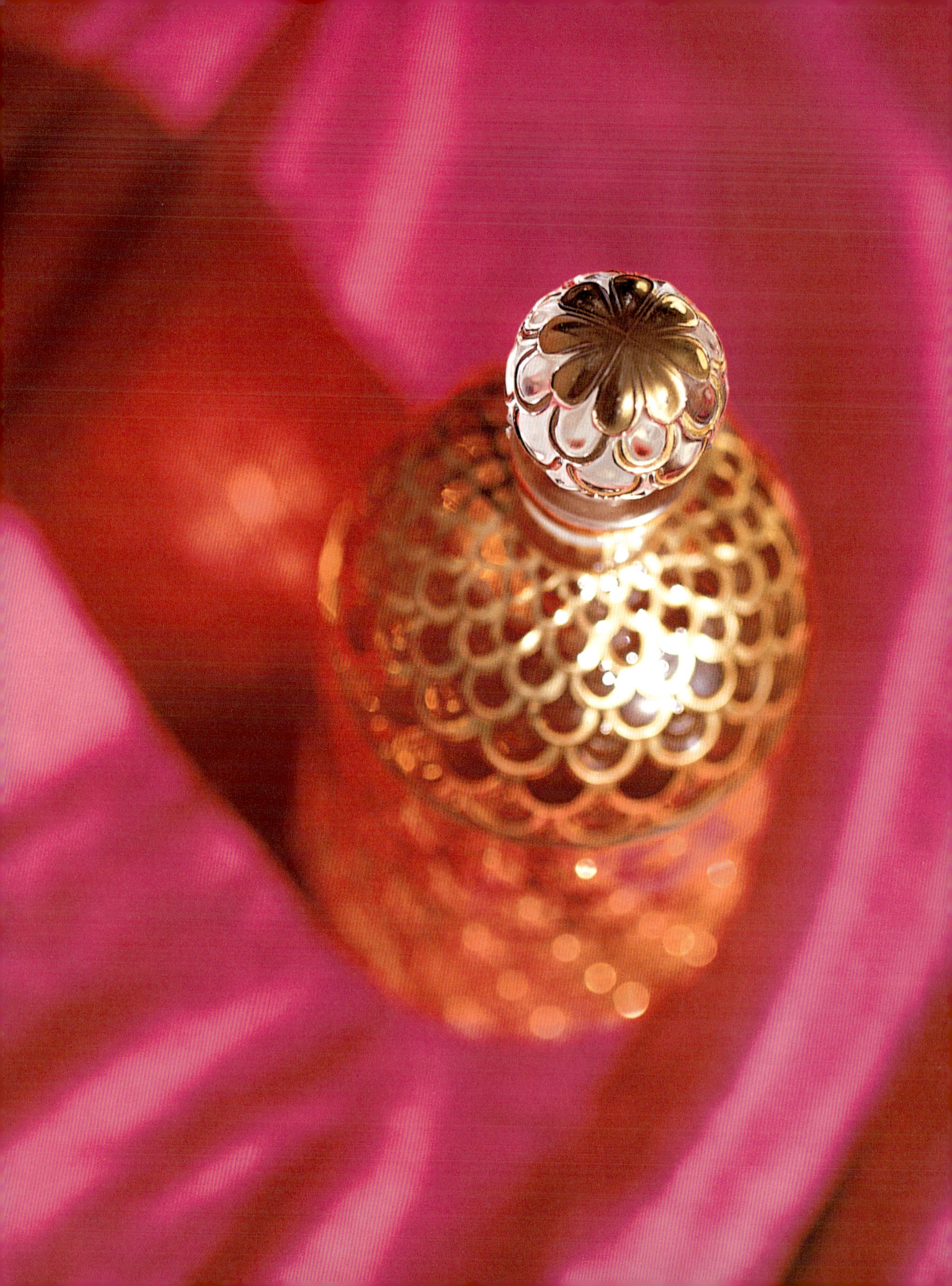

香り

魅惑的なローズコロン

　古代の調香師が示すように、アルコールは植物から香りを抽出するのに優れた力を発揮します。しかも、殺菌力が強く、自家製コロンや香水を腐らせません。実際、今もアルコールは、現代使われている大半の香水の主成分となっています。安息香チンキはバニラのような香りがします。

新鮮な香りのよりバラの花びら（必ず殺虫剤などが
　スプレーされていないもの）　110g
ウォッカ　600mℓ
ローズ・エッセンシャルオイル　50滴
ゼラニウム・エッセンシャルオイル　15滴
安息香チンキ　10滴
植物性グリセリン　50mℓ

　大きなガラスの容器にバラの花びらを入れます。別の水差しにウォッカを入れ、エッセンシャルオイルを1滴ずつ加え、次に安息香チンキ、最後にグリセリンを加えます。それをバラの花びらに注いでください。3週間毎日振り、美しい瓶に移しましょう。

太陽で熟したトマトのコロン

　数年前、アメリカの香水会社ディメーターにいる友人は"グリーントマトコロン"を発表し、大成功をおさめています。私はトマトの葉の匂いが大好きで、この匂いがすると、いつも祖父の温室を思い出します。これは、夏らしい、性別を問わないコロンです。

新鮮なトマトの葉　25g
中サイズのレモンの皮　1個分
刻んだ新鮮なバジルの葉　小さじ1
ウォッカ　225mℓ
ジュニパー・エッセンシャルオイル　10滴
植物性グリセリン　小さじ1/2

　トマトの葉とレモンの皮を刻みます。それをバジルの葉と一緒に殺菌した瓶の底に入れ、ウォッカを注ぎ、ジュニパー・エッセンシャルオイルを1滴ずつ加えます。2〜3週間、冷暗所に置きますが、時おり振り混ぜるのを忘れないようにしてください。モスリンの布（あるいは、キッチンペーパー）で液を漉し、グリセリンを加え、コルク栓かネジ蓋つきの瓶に移してください。好きなだけ塗りつけるか、吹きつけましょう。

　ここにある香水を試したら、次はあなたのお気に入りの植物の葉や花を使って同じレシピで作ってみてください。エッセンシャルオイルで香りを高め、あなただけのオリジナルの香りを創作しましょう。

香り

ハンガリーウォーター

とにかく急いでさわやかな香りを添えたいとき、これを全身に塗りつけるか、吹きつけてください。

新鮮なレモンバームの葉　25g、あるいは乾燥したレモンバーム　大さじ1
新鮮なローズマリーの葉　50g
新鮮なミントの若枝　1本（新鮮なものがなければ、省く）
薄くむいたレモンの外皮　1/2個分
ウォッカ　300㎖
オレンジフラワーウォーター　125㎖
ローズウォーター　125㎖

レモンバームを刻み、ハーブとレモンの皮をガラス瓶の底に入れます。ウォッカを加え、きつく蓋をして、よく振ります。3週間、暖かい場所か窓辺に置いて、必ず、毎日振りましょう。そして、漉したら、最後の仕上げとして、オレンジフラワーウォーターとローズウォーターを加えます。殺菌した瓶に移し、6ヵ月以内に使いましょう。

> 香りを抽出するには、オイルを利用する方法もあります。広口瓶に花を入れ──ライラック、バラ、ジャスミンなど──エキストラバージン・オリーブオイルをかぶるくらい注ぎます。それを毎日振ってください。2週間後、ふるいを使って花を漉し、香りのオイルを最後の1滴まで絞り取ります。この微妙に美しく香るオイルは、オリーブオイルを必要とするレシピに用いてもかまいませんし、単にパルスポイントに塗り込み、微妙なふわりとした香りを楽しんでもいいでしょう。

カルメルウォーター

これはもともと1611年にカルメル会修道女によって発明されたため、この名がついています。もとは"オー・デ・カルメル"として知られていました。修道女たちは、修道院の財政を健全に保つ資金集めのために香水を作りました。これはレモンバームの快活な香りを生かしたものですが、当時、レモンバームの香りの香水は王族や富裕層に大流行していました。カルメルウォーターは強壮薬として内服用にも利用されていましたが、これは家庭では試さないこと！

新鮮なアンゼリカの葉　50g
新鮮なレモンバームの葉　50g、
　　あるいは乾燥レモンバーム　大さじ2
コリアンダーの種　10g
挽き立てのナツメグ　小さじ山盛り1
クローブ　10g
シナモンスティック　5cmを2本
ウォッカ　300㎖

これはきわめて簡単です。ハーブとスパイスをガラスの広口瓶に入れ、ウォッカを注ぎ、密閉してください。暖かい場所──窓辺がいいでしょう──に置き、3～4週間毎日、瓶を振ります。殺菌したコルク栓かネジ蓋つきの瓶に漉して入れ、ハンガリーウォーター同様、6ヵ月以内に使用してください。

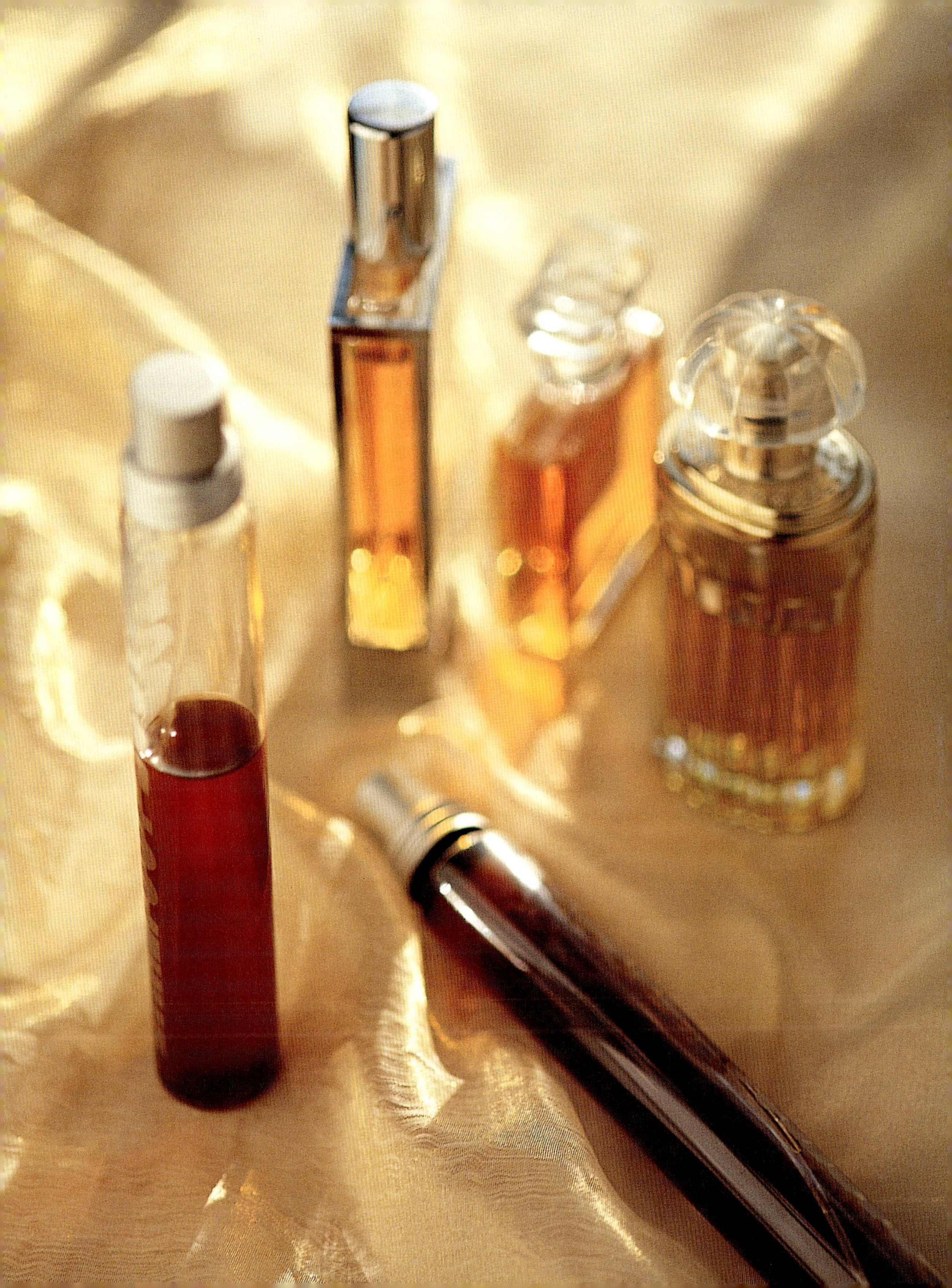

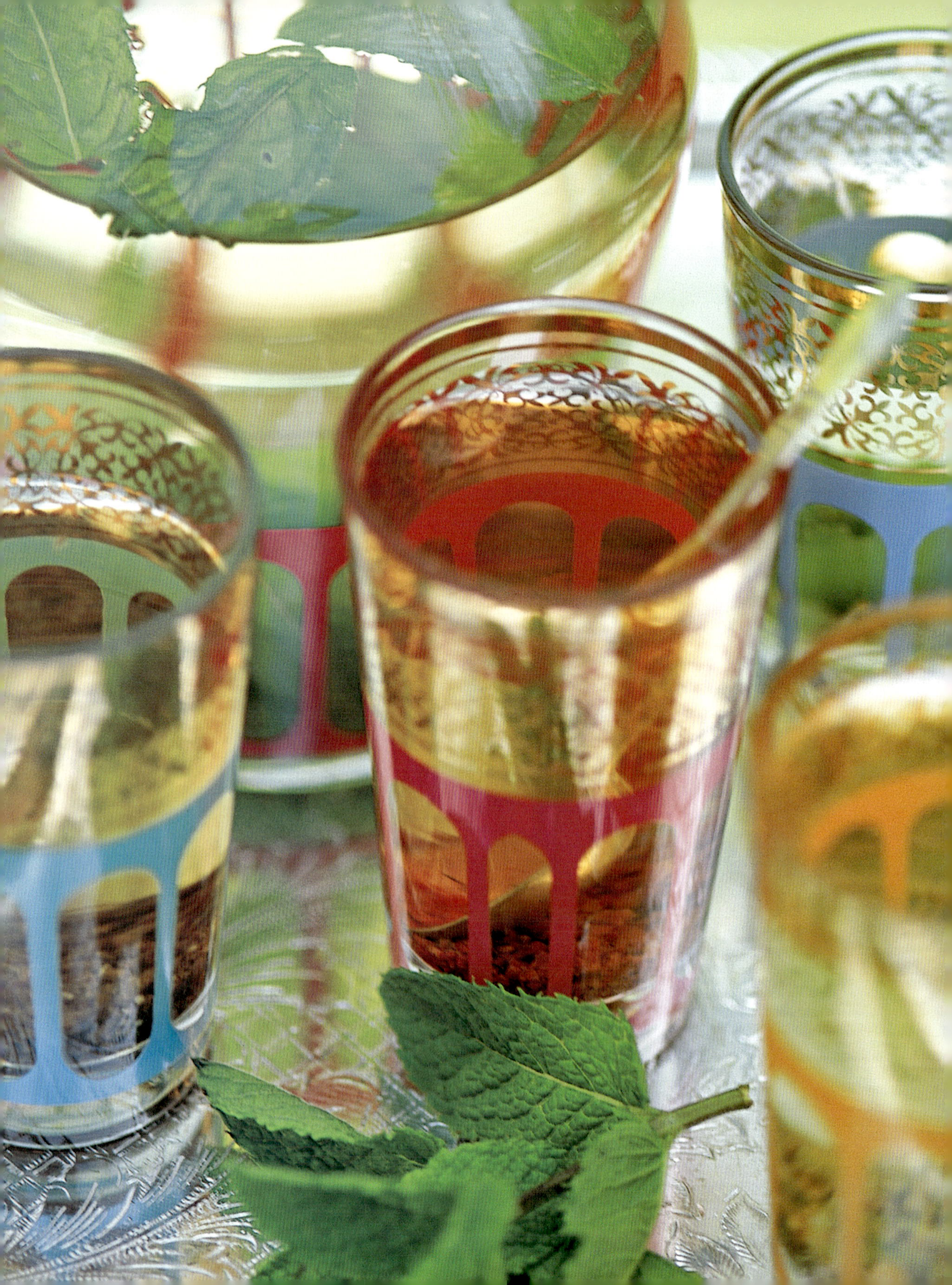

内側から美しく

肌や髪が好むお茶は…

　真の輝きは、単に顔や体や髪に塗ったものから発せられるのではなく、食べたり飲んだりしたものや感じたことからも発せられます。変化に富んだ健康によい食事（オーガニックが望ましい）は、驚くほど効果的でしょう。ただ、もしゴージャスに見せたいと思うなら、カフェインの代わりにハーブティーを楽しみ、そのビューティ・パワーを知ってください…

バーチ・ティー

　血液の循環が悪い、吹き出物がある、肌色が悪いというときにお勧めです。若い新鮮なバーチ（カバノキ）か乾燥したバーチの葉を用いるのが理想的です。ハーブ専門店で乾燥したバーチの葉を買ってもいいでしょう。お茶を作るには、新鮮な葉12枚（あるいは乾燥葉小さじ1）を225mlの熱湯に8分間浸してください。蜂蜜を加えればおいしくなります。木の香りがする、気持ちのいいグリーンのお茶です。最高の結果を得るためには、1日3回飲むべきでしょう。

リンデン・ティー

　ライム、シナノキとも呼ばれるリンデンは、ハーブティーとしては最もよく知られ、愛飲されているものの1つです。そばかすや皺を防ぐのに役立ちます。また、髪の成長を刺激するとも考えられています。さらに、3つ目の効能として、神経を鎮め、眠りを促します。お茶を作るには、濃い蜂蜜の香りがする時期の花を集めてください。

　もちろん、自然食料品店でリンデンのティーバッグを買ってもいいでしょう。味は少しカモミールに似ています。甘く、芳香があり、リンゴのようです。お茶を作るには、新鮮な花小さじ2（乾燥なら小さじ1）を225mlの熱湯に10分くらい浸してください。甘い味が好みなら、蜂蜜を加えればおいしくなります。

ローズヒップ・ティー

　ほとんどの種類のバラの花びらやローズヒップから、甘い香りのお茶ができます。ローズヒップはビタミンA、B、E、K、P、特にCが多量に濃縮されており、ローズヒップ1カップ（ヒップのことで、お茶ではありません）にはオレンジ150個分のビタミンCが含まれていると言われています。ビタミンCは強力な抗酸化物質です。

　ローズヒップ・ティーは喉の渇きを癒すとともに、体内のビタミンC量を常に豊富に保ってくれます。（抗酸化物質は、どこにでもある煙や公害、日差しなどによる急激なダメージから皮膚を守るのを助けます。）もし自分でローズヒップを採取するなら、乾燥させたローズヒップを挽いて（すりこ木とすり鉢、あるいはハーブグラインダーを用いて）パウダー状にし、小さじ1に熱湯225mlを注いでください。約5分間浸し、蜂蜜を少し加えてください。このお茶はホットでもアイスでもいいでしょう。

キャラウェイ・ティー

　古代ギリシャ人は、顔色の悪い少女の頬に赤みが差すようにとキャラウェイ・ティーを処方しました。元気がない、気力がないと感じるときは、これを試してみてください。キャラウェイの種小さじ1を挽くか、すり潰し、225mlの熱湯を注いで浸します。好みで蜂蜜を入れて甘くして味わってください。

輝きを手に入れる

はりを取り戻すフェイシャルマッサージ

　私は断然フェイシャルマッサージをお勧めします。あまり触りすぎると皺になるのでは、と心配して顔に触れるのを怖がる人がいますが、私はそういう人たちと違って、フェイシャルマッサージは皮膚への酸素の流れを改善し、コラーゲンやエラスチンの生成を高め、リンパ液の流れを保ち（つまり、毒素を排出する）、肌の緊張をほぐすだけでなく、確実に肌を美しく輝かせると確信しています。

　だから私は毎晩フェイシャルオイルを使ってこのマッサージを行っています。クレンジング・クリームやオイルを使うときも、同様に行ってください。定期的に行えば、きっと違いが実感できるはずです。

　マッサージには中指を使います。顔の両側（左右対称に）を同時に押しましょう。ただし、顔の中央のつぼは左右どちらか一方の手で行ってください。各つぼをそれぞれ1分ずつ刺激するのが理想的でしょう。しかし、実際、各つぼにつき5～10秒でもやはり効果は現れます。肌の上で指をすべらせないでください。つまり、指を定位置に固定して行ってください。

1　髪の生え際で目の中央の真上部分に指をあてます。内側に円を描くようにマッサージします。

2　指を髪の生え際と眉の間まで下ろします。やはり内側に円を描くようにマッサージします。

3　ここは親指を使います。眉のすぐ下、鼻筋の両脇に指をあてます。今回は円を描くのではなく、上向きに押してください。

4　眉尻に指をあて、外向きに円を描くようにマッサージします。

5　目尻に指をあて、そっと外向きにマッサージします。

6　頬骨の一番高い部分で、目の中央の下部分に指をあて、外向きに円を描くようにマッサージします。

7　次は、指を小鼻の高さまで下に移し（頬の中央）、外向きに円を描くようにマッサージします。

8　鼻と唇の中央を結ぶくぼみを（片方の指だけで）右回りにマッサージしてください。

9　顎の中央（くぼみができるところ）に指を当て、やはり（片方の指だけで）右回りにマッサージしてください。

10　再び両手を使い、顎先の両脇、両側の顎のライン上に指を置きます。外向きに円を描くようにマッサージしてください。

11　顎のラインに沿って顎先から顎の関節の中間に指を置きます。外向きに円を描いてマッサージします。

12　顎の関節の手前にある筋肉──少しくぼむ部分──を見つけてください。口を楽に開いた状態で、後頭部のほうへ円を描くようにマッサージしてください。

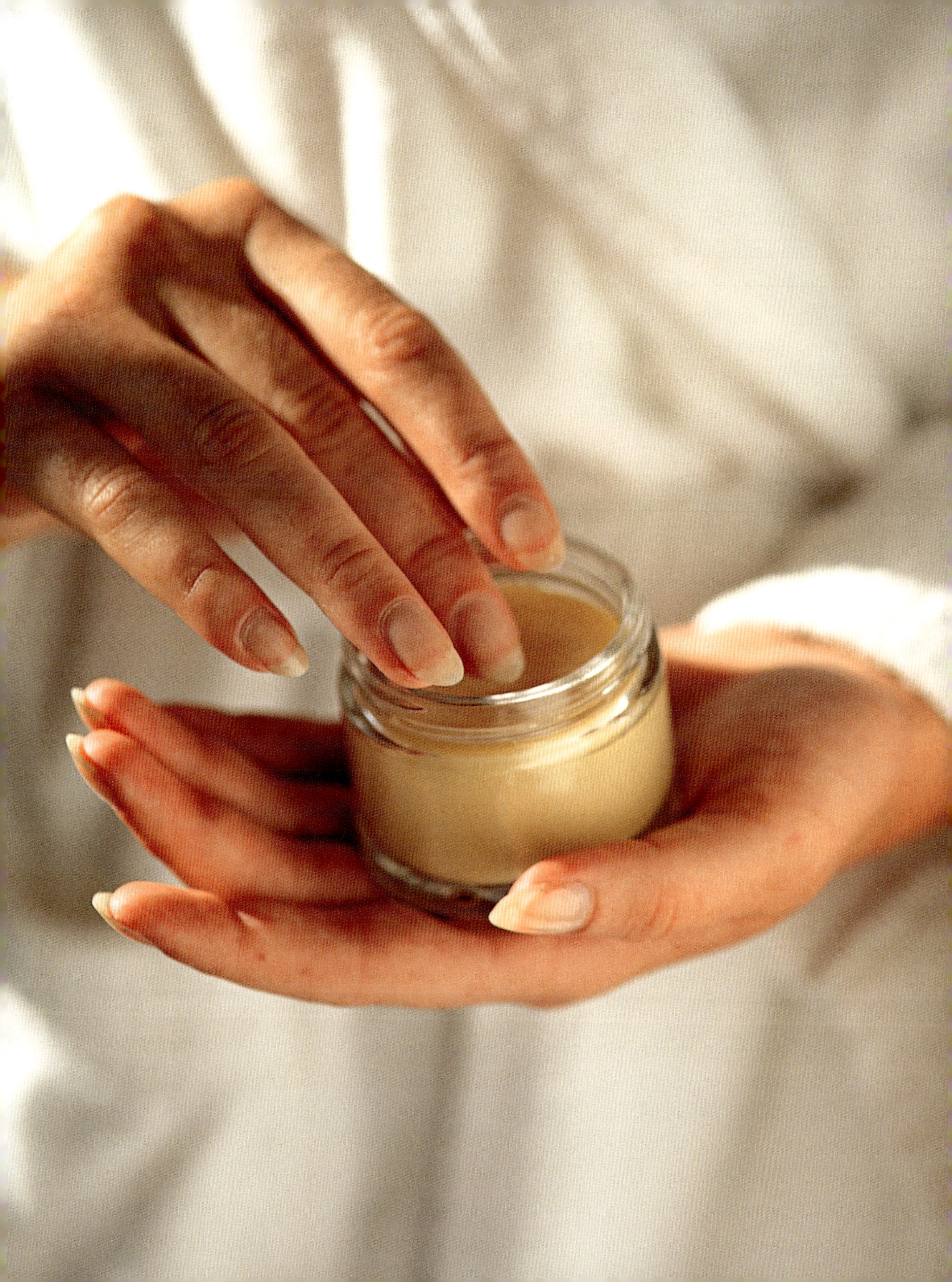

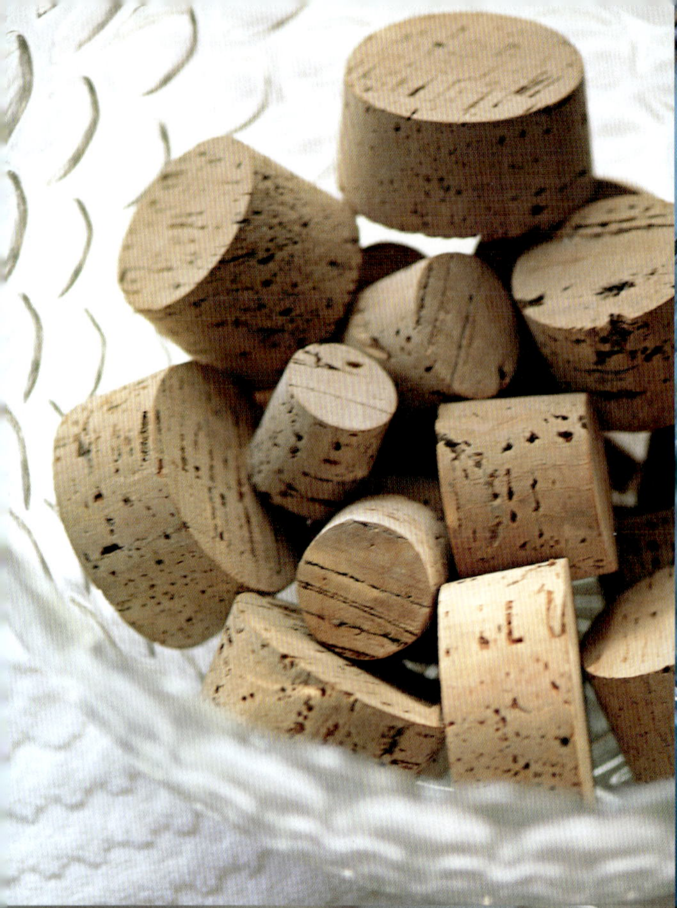

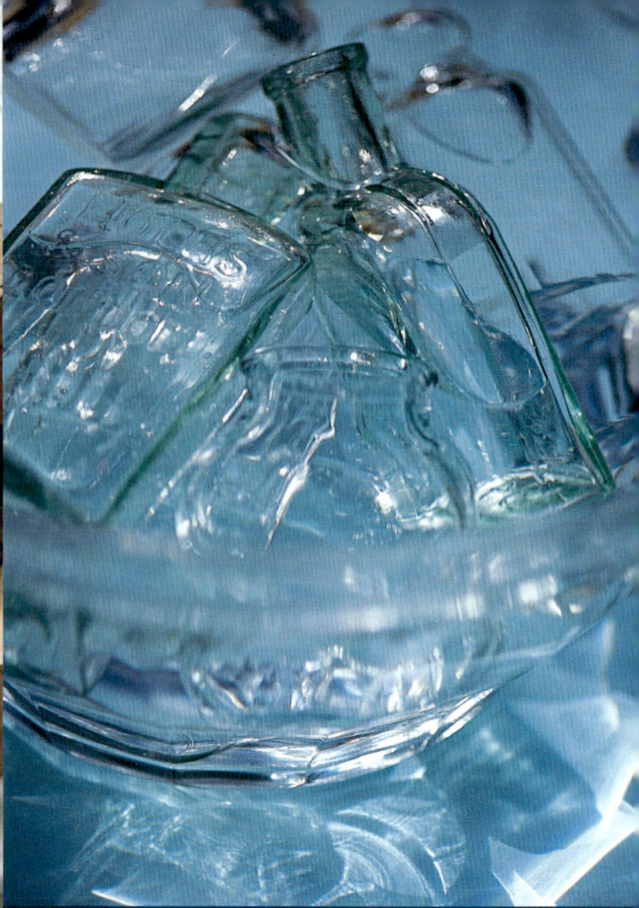

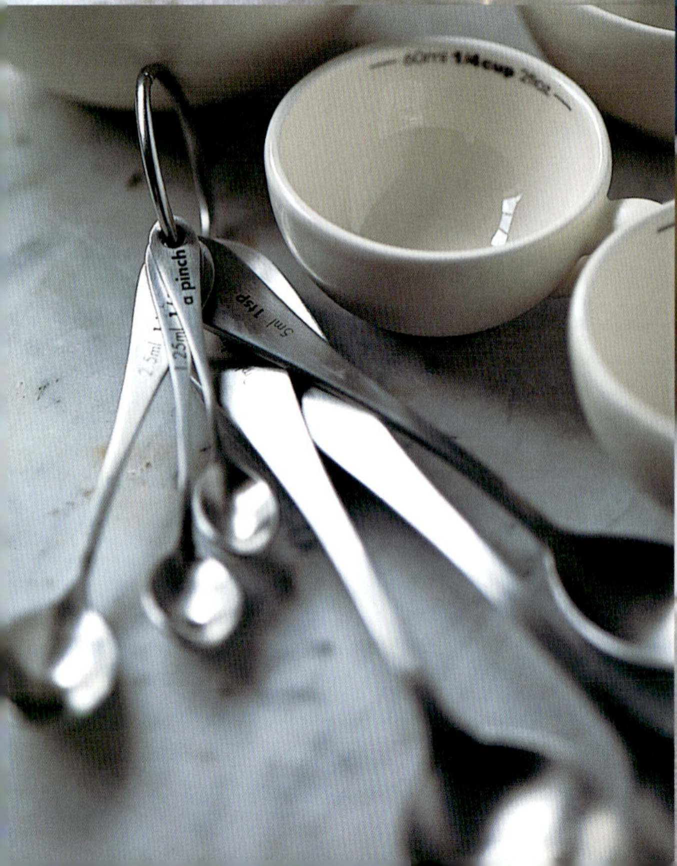
a pinch
5ml 1tsp

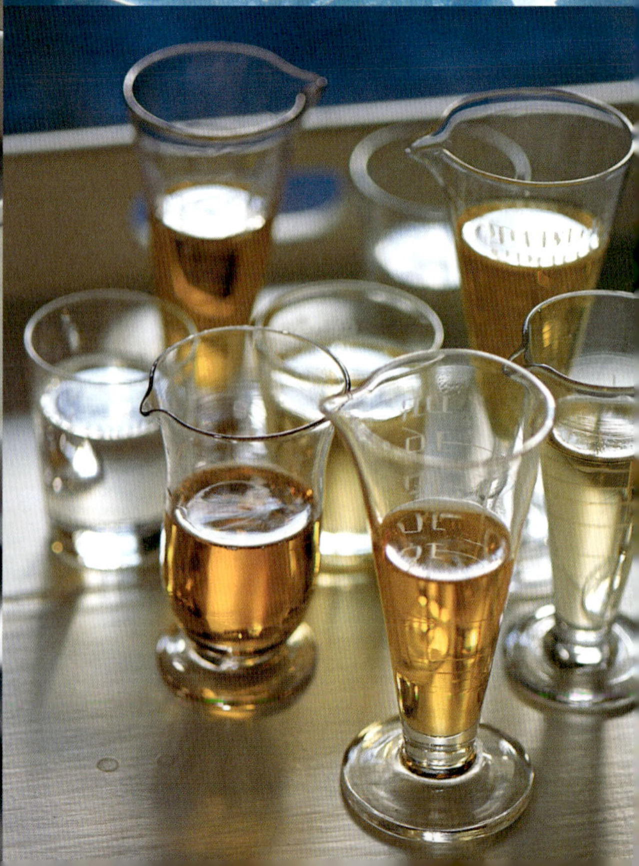

化粧品の作り方

　さて、もうレシピはお読みになったでしょう。ナチュラル・ビューティを目指す決意はできましたね。でも、始める前に、基本的な知識を身につける必要があります。ここでは、必要な用具、簡単なテクニック、殺菌された安全な化粧品を作るための2、3の注意事項などの詳細をお教えします。加えて、保存方法や植物性の材料について、また、あなたやあなたの肌のためになるものについて、さらに多くの発見があるでしょう。ただこういったことはこの本の中ではあまりセクシーな部分ではありませんので、最後に回しましたが、これは必読です。さあ、このページの内容を理解したら、あなたは私のレシピを試す準備ができたばかりか、これから自分自身のレシピを実験することもできるのです。

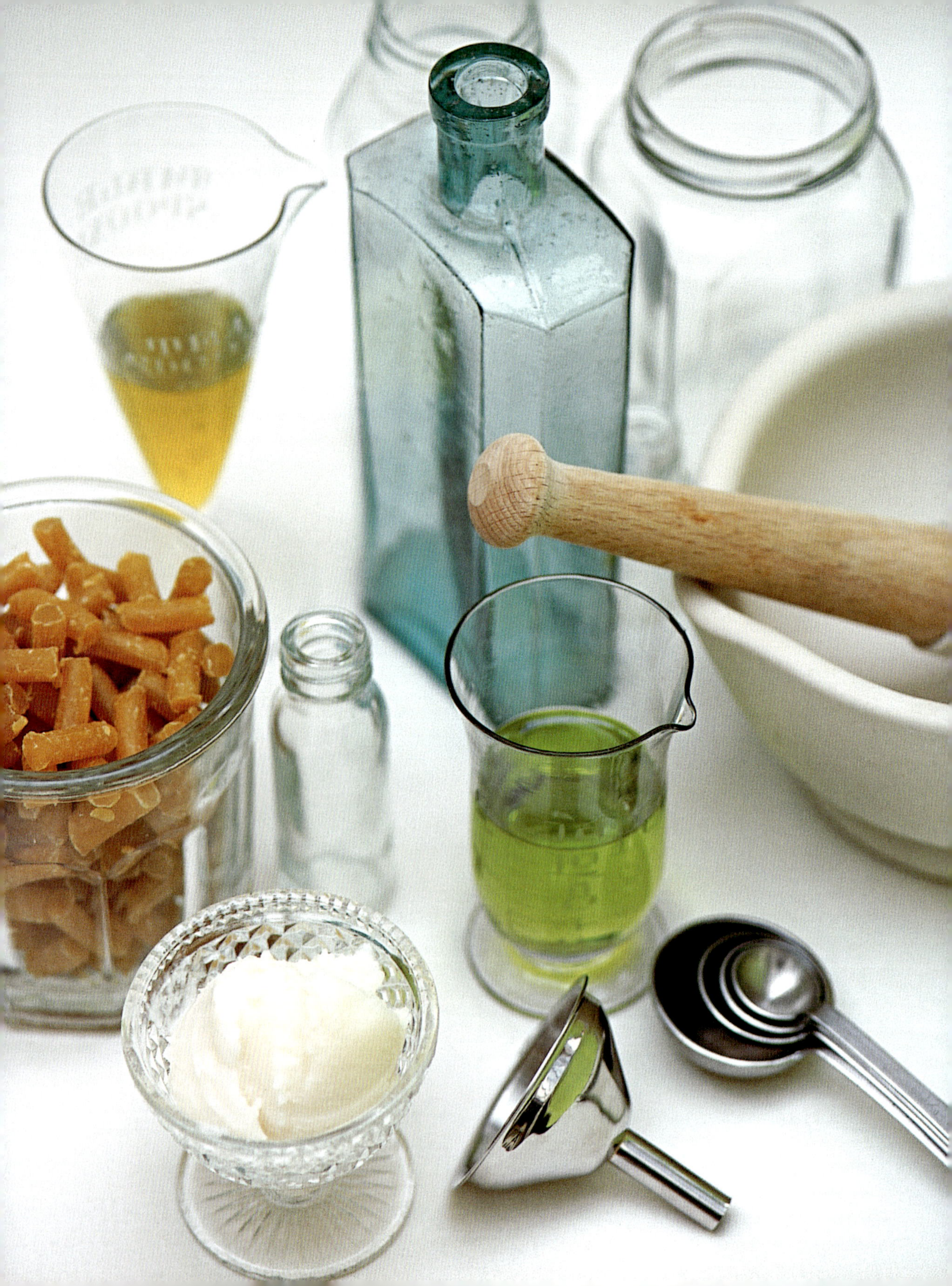

必須用具

本書の冒頭で述べたように、ヴィネグレット・ドレッシングを作ったりチョコレートを溶かしたりできるなら、化粧品は作れます。実は特別な道具は必要ありません。一般的なキッチン用具があればまずは十分です。標準的な道具の揃ったキッチンなら、このリストのほとんどは見つかるはずです。でも、このリストがあれば、揃えるのに便利でしょう。理想としては、以下の用具を実際に手にとってみるべきですが、一つのレシピにすべての道具が必要なわけではありません。

- やかん
- 耐熱の水差し（ガラス製の場合、パイレックスか同様の耐熱性のものであることを確認してください）
- 耐熱性のボウル（上記参照）
- ステンレスかホウロウの鍋（アルミは着色する場合があります。また、アルミについては健康上クエスチョンマークがつきます）
- 二重鍋あるいは湯煎鍋——私の手作り化粧品で最もよく使用する道具です。
- 計量器（電子計量器は、少量の計量にはとても役立ちます）
- 計量スプーン
- 計量カップ
- 金属製水差し形計量カップ。これは異なる液や固体の量についても記されており、とても便利です。（あまり正確に計れないかもしれませんが、始終計量器を利用するより簡単です）
- ハーブグラインダーかコーヒーミル
- フードプロセッサーかミキサー
- すり鉢とすりこ木
- 手動の泡だて器か、ハンドミキサー
- かき混ぜ用の木か金属のスプーン
- カット用のよく切れるナイフ
- 野菜ピーラー
- おろし器
- 大きなふるいと、小さなメッシュの茶漉し
- 漉すときに使うモスリンの布、あるいはキッチンペーパー
- 作り終えた化粧品を保管し陳列する殺菌済みの瓶、広口瓶、プラスチックの容器
- 浸出オイル、香水、デオドラントといったアルコールベースの液体用の様々なサイズのガラス容器。これらは、高価なものである必要はありません。私はガレージセールや中古品店で探します。

化粧品を作るときは、取りかかる前に作業場から食料品などをすべて片付けてください。必ず、動きやすいよう十分なゆとりを取り、熱い鍋や水差しなどを置く場所が耐熱性であることを確認してください。パンこね台など熱さに耐える台が理想的です。経験から、材料を全部前もって挽いたり、洗ったり、スライスしたりすることを含め、必要なものを全部並べておくと楽にできるのは確かです。

化粧品の保管と容器

　私は誰にも負けないくらいゴージャスな容器が大好きです。(はっきり言って、あのシャネルのロゴマークがついたものはほとんど捨てることができません！) つい最近まで、店頭で買える自然化粧品やオーガニック化粧品に関して残念だった点の1つは、容器が見るからに不愉快なほどひどいものが多かったことです。とうてい自分のバスルームの棚に置きたいとは思いませんでしたし、それを使いたいという気分にもなりませんでした。

　私は、自分の化粧品を作るとき、それをちょっとした儀式のように、使うことに官能的な喜びを感じたいと思っています。だから、手作り化粧品の喜びを最大限に高めるために、できるだけゴージャスな容器に詰めることをお勧めします。お気に入りの広口瓶、瓶、小さな缶は取っておき、使用後はきれいに洗い、水に浸してラベルをはがしましょう。私の経験では、すばらしい広口瓶や瓶が見つかるのは、キッチン用品店やメールオーダーのカタログはもちろん、中古品店、チャリティーショップ、ガレージセール、アンティークの大型店、ジャンクショップがあります。見る目を養えば、あらゆる場所でクリームやローションの容器になりそうなものが見えてくるでしょう。

　よくある問題は、しばしば蓋や栓がないことです。ですが、私に言わせれば、だからコルクがあるのです。幸運にも、私の住まいの近所にはバトラーズ・エンポリウムという古風な金物店があります。そこは今もほうきや、天井から衣類を吊るす衣類乾燥枠を扱っており、コルクについても様々なサイズの膨大なストックがあり、あらゆるサイズの容器に合うものが揃っています。あいにくそういった店が近くにない場合は、国内外を旅行しているときにでも金物店をのぞいてみてください。特にヨーロッパ大陸は今なお、こういった店の宝庫です。私がスペイン、イタリア、フランスからコルクを持ち帰ったのは、残念ながら真実です。とはいえ、お土産という点で言えば、コルクはとても軽く、スーツケースの中で大して場所も取りません！

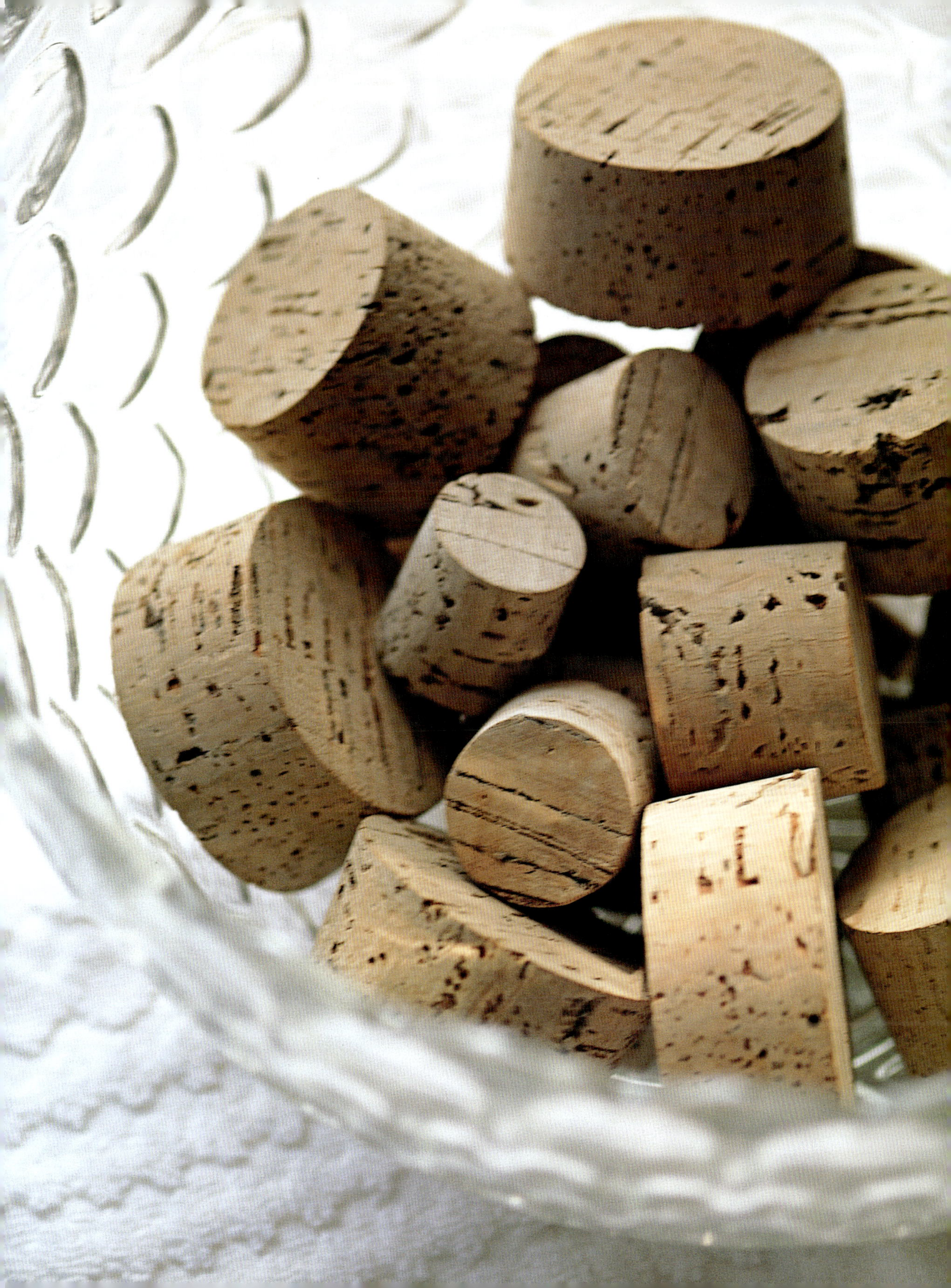

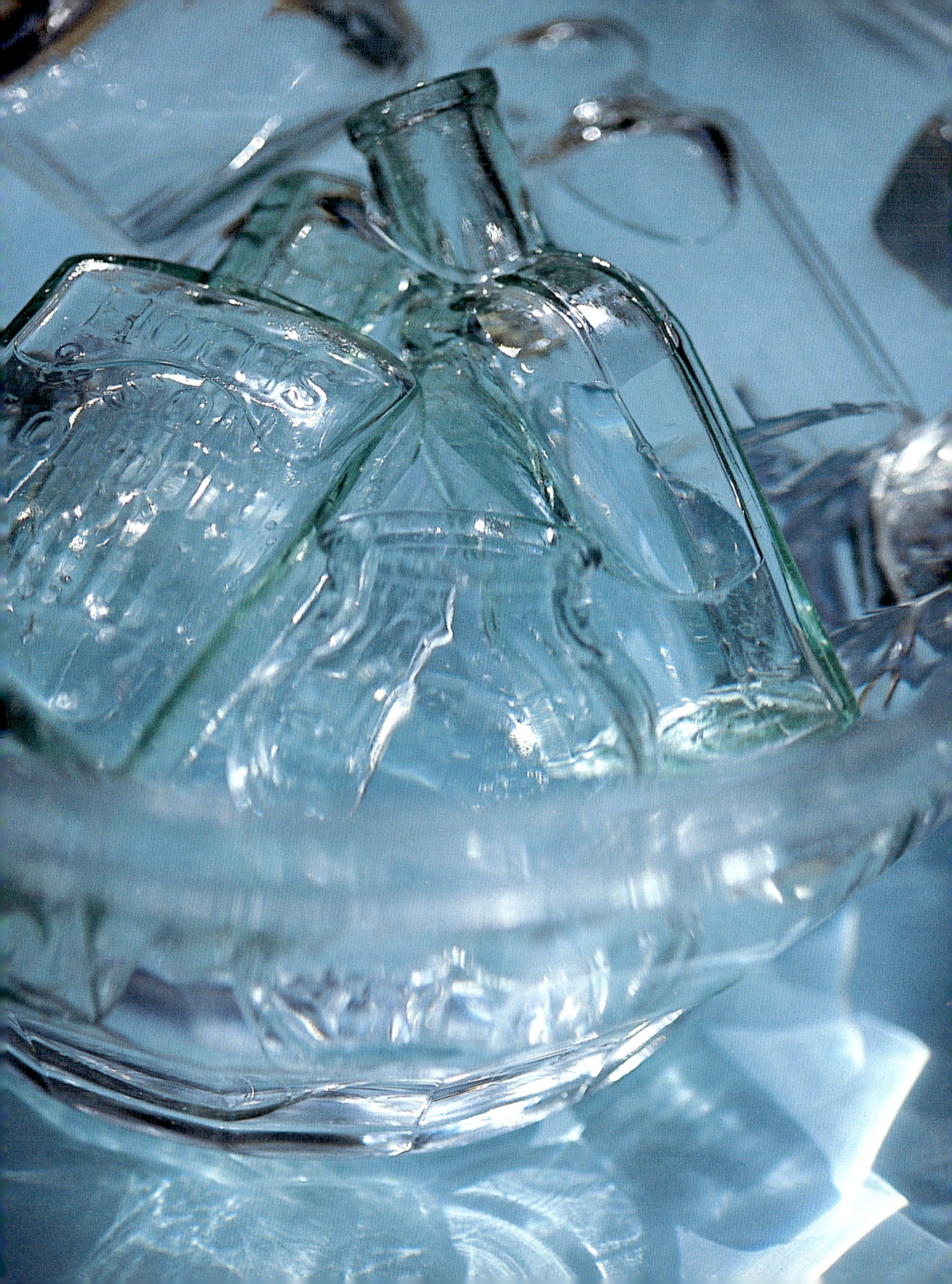

化粧品の作り方

安全に使用するために

　手作り化粧品は保存料が入っていないので、長期間もつというわけにはいきません（化粧品店や薬局で買うものとそこが違います）。そこで、いくつか簡単な注意事項がありますが、それに従えば、消費期限を最大に延ばし、化粧品が傷んだり、何らかの形で汚染されたりするのを防ぐことができます。

- 保管用の広口瓶や瓶は完全に殺菌しなければなりません。まず、食器洗い洗剤を使って、くぼみや縁まわりなどを含め、念入りにこすって洗います。このとき、サイズの異なるボトルブラシがあればとても便利です。私は、エコヴァーのような環境に優しい食器洗い洗剤を選んでいます。
- ガラスの広口瓶や金属の容器を殺菌してください。どちらも石鹸水でよく洗ってから、130度の熱いガスオーブンに30分間入れてください。あるいは、洗ってから、大きな鍋に瓶を入れて水を満たし、15分間煮沸してください。（蓋や栓も同じです。）新しい清潔な布で乾かし、ほこりが入ったり中が汚れたりしないよう、使用するまで別の清潔な布の上に逆さまに置いてください。プラスチックの容器に関しては、まず、耐熱性であることを確認してから、大きな鍋に入れて水を注ぎ、ゆっくりと沸騰させてください。2〜3分煮沸したら、トングで引き上げましょう。水が切れたら、新しいきれいな布で拭いてください。
- 化粧品は、密封する前に完全に冷めていることが重要です。でなければ、水分の凝結により汚染される危険があります。また、蓋、ネジ蓋、コルクなどは、何かで使用した場合は取り替えてください。こうすることで、微生物を締め出し、化粧品の寿命を保つのに役立ちます。
- 必ず保管のガイドラインに従ってください。冷蔵庫で保管する必要のあるものは、冷蔵庫で保管しましょう。また、異臭がしたり、質に変化が見られたら必ず捨ててください。（色があせても、それはあまり手がかりにはなりません。色あせは自然に起こることで、それ自体に害はありません。）

パッチテストの方法

　顔や体の広い部分に手作り化粧品を使用する前に、パッチテストを行う必要があります。肘のすぐ下の腕の内側にあたる部分、あるいは耳の後ろに少量をつけて、絆創膏を貼ります。（絆創膏アレルギーの場合は貼らない）、24時間置いて、もし傷み、赤み、ヒリヒリ感があれば、肌は何らかの成分に反応しています。この場合、その化粧品を広い範囲に使用するのは避けるべきです。

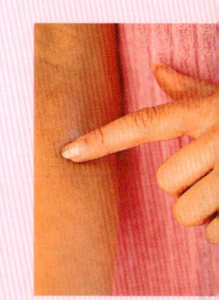

- 手作り化粧品を使用する前は、必ず手を洗ってください。実のところ、これは、手から顔、口、目に細菌を移すのを避けるため、すべての化粧品を扱うときの当然の常識です。
- 手作り化粧品だけでなく、どんな化粧品でも絶対に人と共有しないでください。もしパートナーやお子さんがあなたのスキンクリームを使うようなら、彼ら専用のものを作ってあげてください！

事実：すべての手作り化粧品は冷蔵庫に入れたほうが長持ちします。しかし、実際、オイルと蜜蝋の混合物やオイルのブレンドは気にする必要はありません。汚染の危険が高いのは水を含む化粧品です。微生物はオイルの中では繁殖しませんが、水の中では容易に繁殖します。

ハーブの乾燥と保管

　賢い女性たちがずっと前から知っていたように、ハーブは脂性肌から早期エイジングまで大部分の肌の問題を解決する、美容のための天然の特効薬です。ハーブは肌に優しいオーガニックな栄養と治療を施してくれます。というのは、ハーブにはミネラル、クロロフィル（葉緑素）、一般的な植物の滋養分がぎっしり詰まっているからです。ハーブをオイルや水に浸出させれば、このハーブの魔法を肌に吸収させることができます。また、ハーブを乾燥させると、その滋養分は凝縮されます。本書のレシピのほとんどで乾燥ハーブの量が生のハーブの半分なのはそのためです。理想を言えば、できるだけ生のハーブを使うべきでしょう。しかし、四季を通じて年中使用するとなると、現実的ではありません。そこで、あなたが自分でハーブを栽培しているなら、その保存法を知るのは有益でしょう。

　空気乾燥は最も広く用いられているハーブの乾燥方法ですが、これは煙やほこりのない乾燥した風通しのよい部屋で行わなければなりません。しかも、室温は20～32度に保たれていることが理想でしょう。スピードが重要です。ハーブは乾燥するのに時間がかかりすぎたら、かびがはえたり黒くなってくることがあります。そうなれば、役に立ちません。ハーブはひもやラフィアを使って小分けに束ね、逆さまに吊るしましょう（右ページ参照）。

　食品乾燥機はハーブを乾燥させる絶対確実な方法です。しかし、ずいぶん場所を取りますし、そこまで投資する価値があるのはかなりの量を自分で栽培して乾燥させる予定のある場合にかぎります。

　ハーブの冷凍は実に有効な方法です。新鮮なうちにナイロン袋に入れ、そのまま冷凍庫の奥に入れます。（必ず袋にラベルを貼ってください。いったん凍ってしまえば、どのハーブもびっくりするくらい同じように見えます！）解凍したら、軽くたたいて乾かしてください。この場合、レシピでは乾燥ハーブではなく、新鮮なハーブの分量を使ってください。

　オーブン乾燥は、空気乾燥では乾くのに時間がかかりすぎる根や木質の植物にお勧めです。根をよく切れるナイフで薄いスライスか小さな角切りにします。（これも、新鮮なうちのほうが簡単です。）きれいに洗い（タオルで）乾かした根を鉄板に広げ、できるだけ低温にセットしたオーブンで乾燥させてください。目を離さないでください。根や茎は2～3時間以内に乾燥するはずです。あとは完全に冷めるのを待ちましょう。

　乾燥ハーブおよび植物を正しく保管することは不可欠です。乾燥させたハーブはしっかりと密封できる広口瓶に詰め、ラベルを貼らなければなりません。いつ採取したかわかるようにラベルには採取した日付を入れます。新鮮なハーブがベストです。今年のものが手に入ったら去年のものは必ず捨てましょう。できるだけ空気を排除できるよう、小さな容器を選んでください。もし缶や瓶に空気が入りすぎると、ハーブが湿気を吸い込み、かびが生えることがあります。レディスマントルやマーシュマロウは特に湿気に弱いです。

　注意：乾燥ハーブを購入するなら、オーガニック製品にしてください。オーガニックでないハーブは照射されていることがあります。

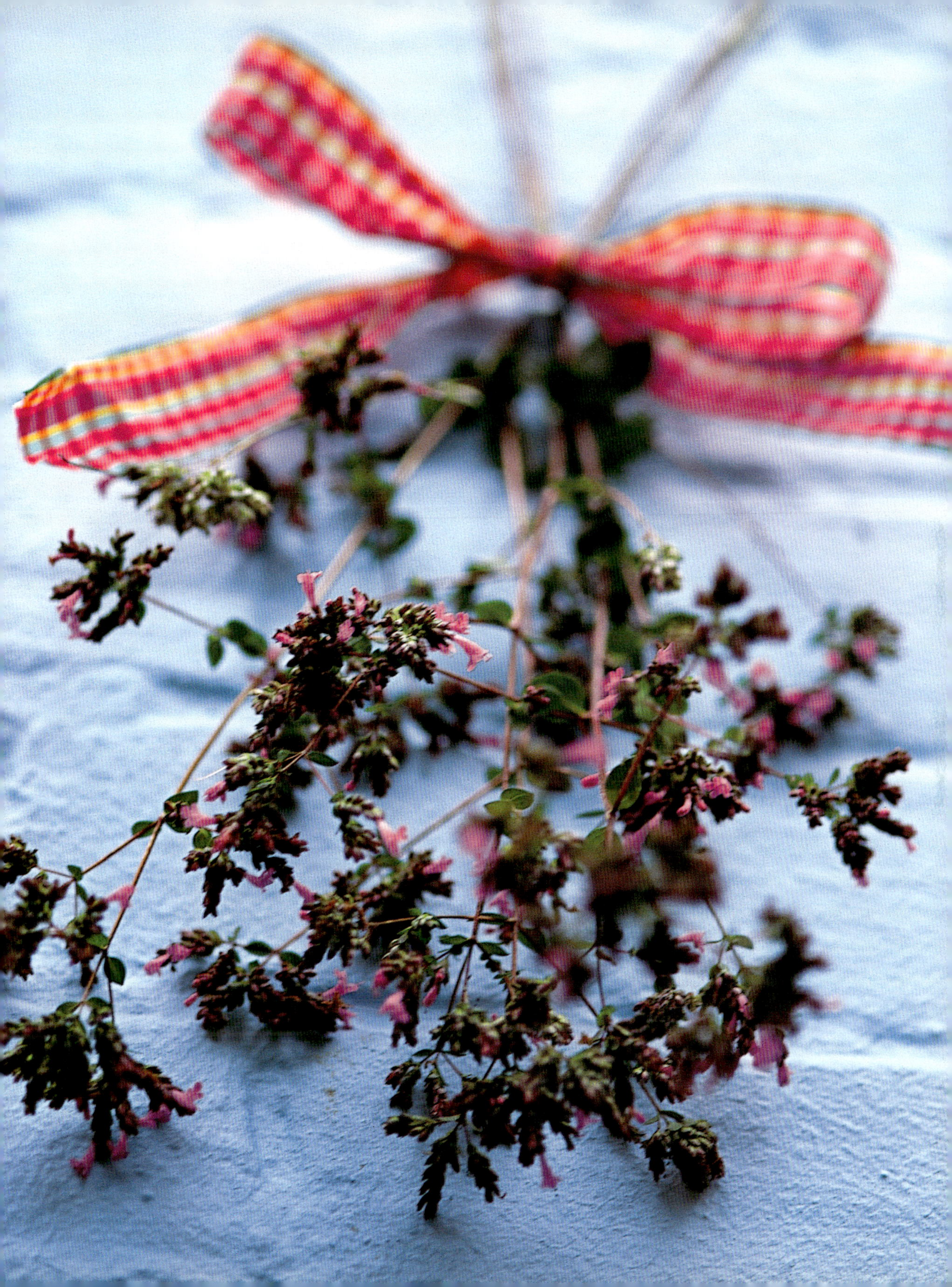

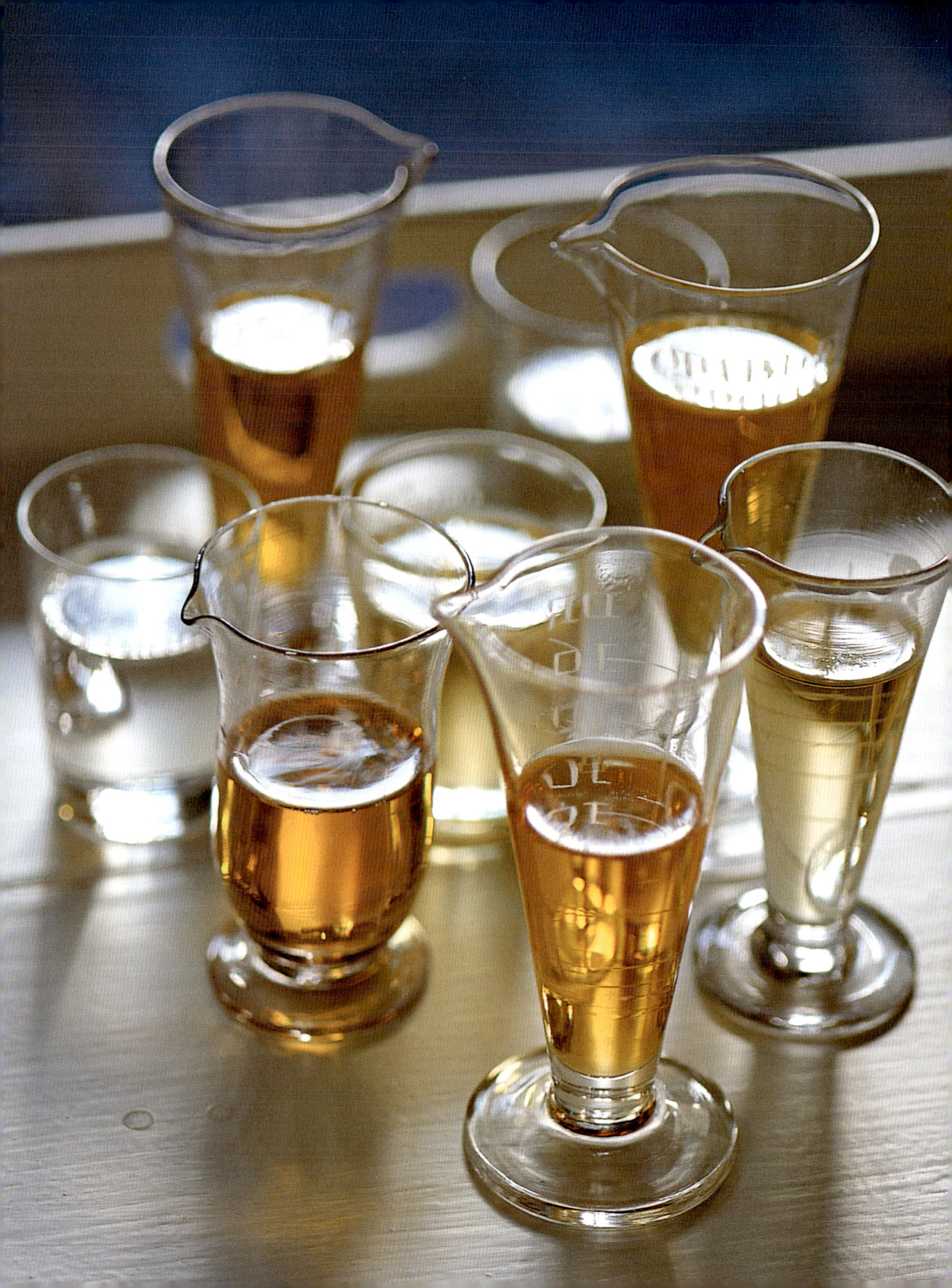

化粧品の作り方

すばらしいコスメティック・オイル

　植物オイルは肌と非常に相性がよく、皮膚表面にのっているだけのありきたりの化粧品に広く使用されている安価なミネラルオイル（Liquidum paraffinum）より、はるかに親和性があります。植物オイルは肌に浸透して栄養分を送り込み、皮膚の"バリア機能"を守るのを助け、肌が水分を保ち、はりと潤いのある状態でいられるようにします。

　しかし、異なるオイルにはそれぞれ異なる性質があります。クリーム作りの基本をいくつかマスターしたら（適切な分量でオイルに蜜蝋を溶かせば、基本的にそれはクリームになります）、自分でオイルを組み合わせて実験してみてもいいでしょう。以下のオイルの多くは、自然食品店やスーパーマーケットで見つけることができるはずです。いくつかは専門店を探さなければならないかもしれません（ニールズヤード・レメディーズはオーガニックオイルを最も幅広く取り扱っています）。

> **警告**
> ナッツオイルの刺激反応はかなり広く知られてきています。もし、アレルギーがあるとかナッツに過敏だとわかっている場合はもちろん、家系にナッツアレルギーの人がいた場合も、肌にナッツオイルをつければ、刺激反応が出るかもしれません。

アーモンドオイルやスイートアーモンドオイル：この淡い黄色のオイルはスイートアーモンドの木の実から搾り取られます。滋養分が多く、嬉しくなるほど肌をやわらかくします。また、ビタミンEが豊富です。

アプリコットカーネル・オイル：アプリコットの仁から取れる軽いオイルで、肌に早く浸透します。ボディ・トリートメントに理想的です。

アルガンオイル：モロッカンアルガンの木から取れるこのオイルには、地元の人たちはヘアポマードやマッサージオイルに使っているとか、傷ついた細胞や日焼けした肌の治療に使っているといった、ちょっとした"美容に関する噂"があります。現在、アルガンは加齢の原因となる基本的なダメージを中和するのに効果的であることが明らかになっています。アーモンドオイルやアボカドオイルを使うレシピで試してみてください。

アボカドオイル：この淡いグリーンのオイルは、ほとんどの肌タイプと相性がよく、ベータカロチン、ビタミンCおよびEがぎっしりつまっています。また、最近の研究では、太陽の紫外線を吸収するのに役立つことがわかっています。ただし、サンスクリーンの代わりにはなりません。

ココナツオイル：これは室温では固まることがありますが、加熱すれば（あるいは暖かい環境では）液状になります。肌の強力なバリアになり——リップバームとしてそのまま塗ってください——自然に水分を閉じ込めます。髪が乾燥している場合は、ヘアパックに加えたり、マッサージオイルのベースとして使ってみてください。

ホホバオイル："ホホバワックス"と呼ばれることもありますが、実際、かなり粘り気のあるオイルで、ホホバの豆から抽出されます。その構成は皮脂と大変似ており、抜群に肌との相性がいいオイルです。クリームに硬い手触りを与えてくれますが、体温で溶けて肌にみごとに浸透します。

オリーブオイル：オーガニック・オリーブオイルは私が個人的に気に入っている、用途の広い美容のための万能選手です。本当に肌に魔法をかけてくれます。ポリフェノール抗酸化物質が豊富で太陽や汚染物質にさらされることによる急激なダメージからの回復を助けます。滋養がありますが、そんなにすぐには吸収されません。オリーブオイルには肌を静める力があるため、うろこ状の荒れた肌の治療に使用している病院もあります。オリーブオイルは低温圧縮したエキストラバージンを選ぶべきです。もちろん、オーガニック製品を求めてください。

ヒマワリオイル：ホホバオイル同様、ヒマワリオイルは皮膚の自然な脂質とよく似ています。したがって、マッサージ剤にはもちろん、スキンケアにも適しています。また、ヘアコンディショナーとしても優れ、ハーブの滋養分を引き出す"浸出オイル"には理想的です（p.112参照）。ただし、食料品店で見かける料理用ではなく、化粧品向きの品質のものを買ってください。

小麦胚芽オイル：この風味豊かな軽いオイルは実に強い匂いがあるため、化粧品を"保存"するのを助けるために少量を使用するようにしています。というのは、ビタミンBコンプレックスはもちろん、酸化を抑制するビタミンEが豊富に含まれているからです。乾燥肌には大変効果的で、小麦胚芽オイルの治療力については湿疹を患う人々からよい報告を受けています。——ただ、誰もが酸っぱい匂いが大好きだというわけではありませんから。

化粧品の作り方

ナチュラルビューティの世界をもっと

アボカド：タンパク質と自然のオイルがぎっしり詰まり、ビタミンAとBが豊富です。女性たちが肌や髪の保護のためにアボカドを潰してそのまま塗る国もあるそうです。

蜜蝋：オイルに入れて溶かすと、蜜蝋は驚くほどオイルを凝固させ、クリームとして使えるようにしてくれます。蜜蝋は蜜蜂が巣作りをするときに作り出す蝋です。毛穴を詰まらせないので、トラブル肌や脂性肌にも適しています。

ビール：ビール——特に気の抜けたビールは、素晴らしいセットローションになります。糖分とタンパク質がうまく働いて髪をまとめ、形を整えてくれます。古い酒場のような臭いがすることはありません。髪が乾けば、匂いは消えます。市販のビールには化学添加物が含まれているため、もちろん、オーガニックビールをお勧めします。

重炭酸ソーダ（重曹）：これは歯磨き粉のベースになります。また、皮膚のかゆみを癒す入浴剤にも使用されます。フットバスに使えば、リラックス効果があり、悪臭の原因となる細菌や自然発生する酸の効力が消えるでしょう。

ホウ砂：ホウ砂は天然の保存料ですが、クリームやボディローションに質感を与えるのに用いられます。また、皮膚の炎症を緩和します。

リンゴ酢：未加工のリンゴジュースを発酵させて作られるリンゴ酢は、マグネシウム、カリウム、鉄、燐など、ミネラルがぎっしり詰まり、肌にとても役立ちます。実際、リンゴ酢は、入浴剤やトナーに使えば、肌のペーハーバランスを回復するのに役立ちます。

ココアバター：肌はこれが大好きです。体温で溶け、驚くほど艶やかでなめらかな肌にしてくれます。また、水分を閉じ込めるすばらしいバリアになります。

コーンスターチ：パウダー状にしたトウモロコシの粒から作られており、タルクの代替品として申し分なく皮膚の炎症を和らげます。

フラー土：グレーの細かなパウダー状で販売されている粘土の1つです。フェースパックやヘアパックのベースとして優れ、他の材料と混ぜ合わせて使用します。

グリセリン："湿潤剤"として知られているグリセリンは、水分を肌に引き寄せ、クリームやローションのすべりをよくします。必ず、植物から採取したグリセリンをお求めください。たとえば、ニールズヤード・レメディーズにあります。というのは、今日、グリセリンの多くは、石油産業の副産物になっているからです。

蜂蜜：蜂蜜は、様々な目的に使える用途の広い材料です。防腐性、収斂性があり、さらに肌に潤いを与えてくれます。ニュージーランド産のマヌーカハニーを探してください。これは吹き出物の治療に用いられます。抗菌作用があり、ただ肌に塗って洗い流すだけでオーケーです。

カオリン：白い細かなパウダー状の粘土で、肌から不純物を引き出すため、フェイスパックやボディパックに使用されます。

レモンジュース：レモンジュースは天然の収斂剤で、マイルドな漂白剤としても作用します。爪のしみにはいいですが、髪には少しきついでしょう。

挽き割りオートムギ：鎮静効果があり優しく作用する挽き割りオートムギはすばらしい入浴剤になります。乾燥したヒリヒリ感のある肌にはぴったりです。発疹や擦過傷に不思議なほど効きます。浄化力が優れているため、1つかみで石鹸代わりにもなります。

ローズウォーター：ローズウォーターとオレンジフラワーウォーターは、蒸留法で作られるエッセンシャルオイル製造過程における副産物で、肌に優しく作用します。オレンジフラワーウォーターは、ほとんどのレシピでローズウォーターの代わりに使用できます。バラよりネロリの匂いが好きなら、これを代わりに使ってください。

シアバター：大変滋養のあるシアバター（カリテバター）は、肌をなめらかでしなやかにしてくれます。クリームやローションのベースとして優れていますが、急ごしらえで肌をなめらかにしたいときは、これをたっぷり塗るのも効果的でしょう。

安息香（ベンゾイン）チンキ：安息香は安息香樹（Styrax benzoin）の樹脂で、香水やポプリの定着液として使用されます。また、自然の保存料としても働きます。数滴使用すれば十分でしょう。

ウィッチヘイゼル：この透明なローションは、ウィッチヘイゼルの木の樹皮や枝を蒸留したもので、本来、収斂性があり、脂性肌やトラブル肌に大変効果的です。

私のレシピにない材料の1つにラノリンがあります。それは、第1に、私の肌がラノリンに過敏反応するからです。ラノリンを使うと肌にかゆみが出ます。第2に、もしラノリンを使うとしたら、そのラノリンがオーガニックな羊から採ったものだという絶対的な確信を持ちたいと思うからです。羊は、有機燐殺虫剤をはじめ、日常的に有毒物質にさらされています。つまり、そういったものを肌に近づけたくないということです。

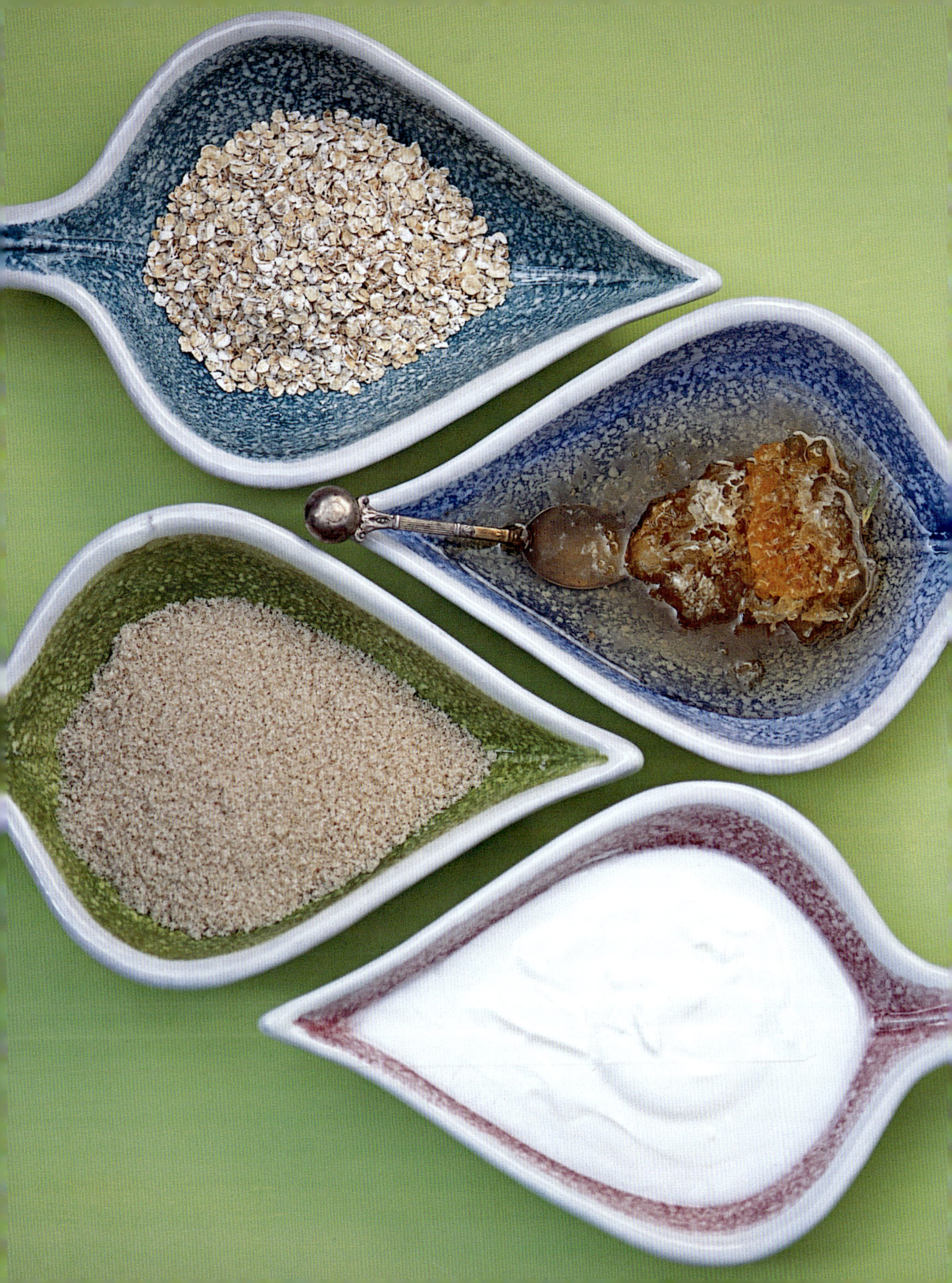

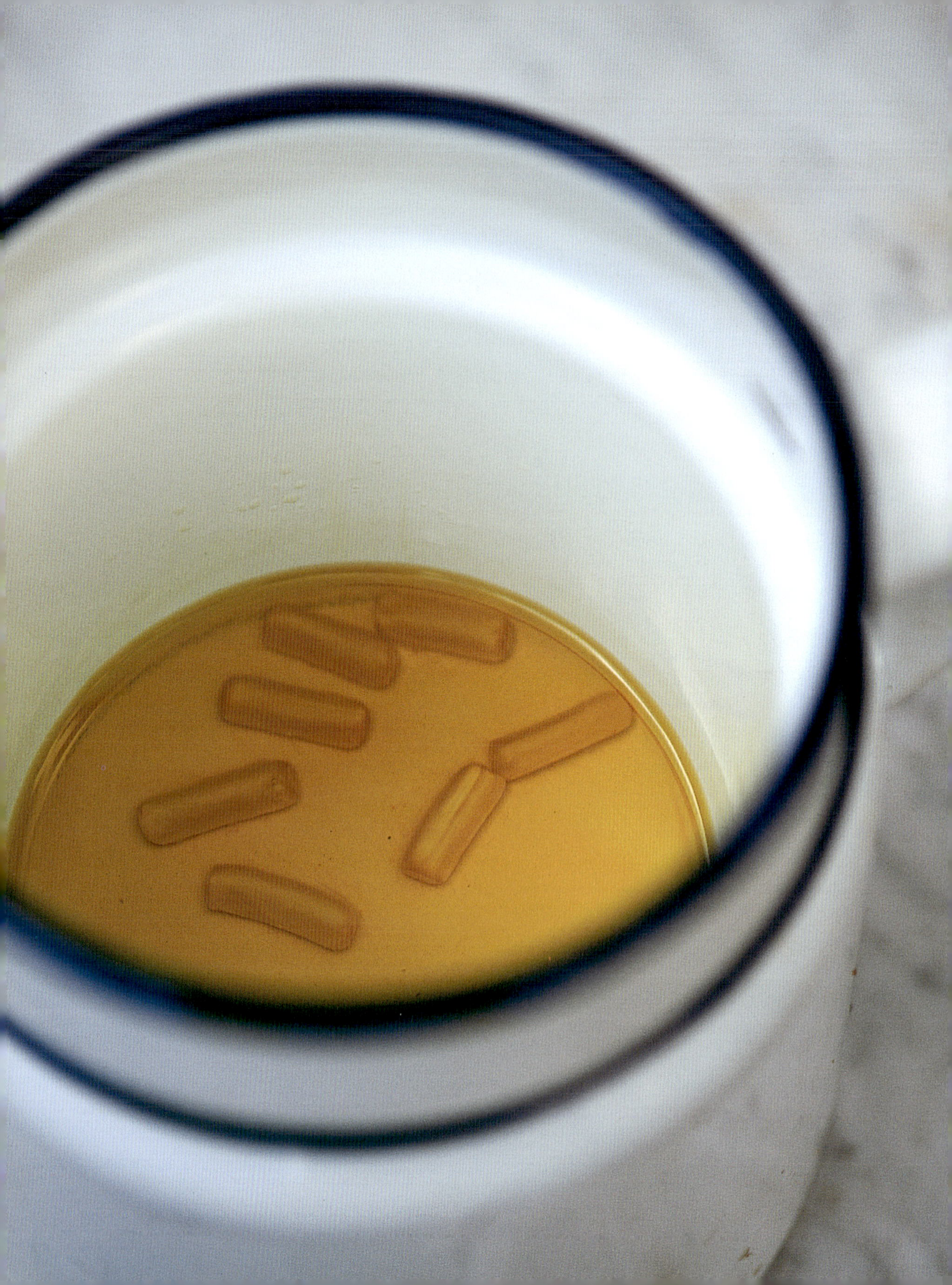

自然化粧品作りのテクニック

ここでは、自然のままの植物を肌に役立ち、髪に栄養を与え、体をなめらかにする化粧品に変える、ごく簡単なテクニックをお教えします。

二重鍋の使い方：オイルや蜜蝋は、鍋に直接入れて火にかけたら、温度が高くなりすぎます。そこで、化粧品を作るときは、チョコレートを溶かすときと同じように、二重鍋の内側で"絶縁する"必要があります。最も簡単なのは、お金を出して湯煎鍋あるいは二重鍋を買うことです。これは、外側の鍋の中に内側の鍋がきちんと収まる形になっており、外側の鍋に少量の水を入れて使用します。この水が沸騰すれば、内側の鍋の中の材料は損なわれることなく、ゆっくり溶けていきます。二重鍋がなければ、鍋の中にうまく収まる、鍋より小さなパイレックスガラスか耐熱セラミックのボウルを入れて間に合わせてください。鍋の底約2.5cmに熱湯を入れ、その中に耐熱ボウルを入れます。湯の熱が伝わって内側のボウルの中の材料が溶け、浸出します。（注意：ボウルと鍋を使う場合、蒸気でやけどしないよう特に注意してください。）

薬湯（お茶）の作り方：225mlの熱湯に乾燥ハーブ小さじ1（あるいは、1カップに1ティーバッグ）を使用します。理想としては、カップに蓋——お皿がいいでしょう——をしてください。あるいは、揮発性のオイルで覆えば、お茶が蒸れているあいだに蒸発するでしょう。10〜15分間浸してください。冷蔵庫で保存すれば、薬湯は1週間はもつでしょう。

浸出液の作り方：乾燥したハーブや花25gに熱湯600mlを注ぎ、数時間浸出させてください（薬湯と浸出液の違いは基本的にハーブを浸す時間の違いです）。浸出液は、必ずガラスかステンレス、あるいはホウロウの容器で作り、アルミは使わないでください（ハーブが金属を浸出させることがあります）。薬湯と同じように、浸出液も冷蔵庫で1週間でしょう。

煎じ液の作り方：木質のハーブや硬い種子などは、効能を引き出すのにもっと長時間煮る必要があります。根、種子、皮25gにつき600mlの湯で、1時間弱火にかけてください。（やはり、ステンレスかガラス、あるいはホウロウの鍋を使ってください。）その後は、少なくとももう1時間そのまま置き、ハーブの滋養分が完全に水の中に広がるのを待ちましょう。

注意：経験的にまず間違いない方法として、乾燥ハーブを使って煎じ液や薬湯を作るときは、生のハーブの約半量を使用するべきでしょう。オイルを使って煎じ液を作る場合も、二重鍋で同様に行うことができます。

浸出オイルの作り方：ハーブはすべて、刻むか、すりつぶします。浸出オイルには、生のハーブよりも乾燥ハーブが適しています。ハーブは完全にオイルに沈めてください。必要なら押してください。でなければ、かびが生えるかもしれません。広口瓶を軽くたたいて、植物が含んでいたかもしれない空気の泡がないかどうかみます。（ハーブが少し汚れているように見えても洗わないこと）広口瓶は暖かい日のあたる場所に置き、少なくとも10日から3週間そのままにします。毎日そっとかき混ぜたり振ってもいいでしょう。オイルに十分浸出させたら、モスリンの布か2重にしたキッチンペーパーで漉し、ハーブを木のスプーンの背か指でそっと押して、ハーブの滋養分を最後の1滴まで絞り取ってください。浸出オイルは一般に、6ヵ月から1年もちます。

各国の問合せ先

UK

Aveda
www.aveda.com

I've mentioned Aveda in the make-up chapter because if you are looking for natural make-up, theirs is 'greener' than most. They don't use petrochemical products – and are experimenting with natural pigments, including 'uruku' (used in lip, eye and cheek products), produced in collaboration with the indigenous Yawanawa tribe, in the Amazon.

G. Baldwin & Co.
171/173 Walworth Road, London SE17 1RW
+44 (0)20 7252 5550
www.baldwins.co.uk

Baldwins offer a good selection of jars and bottles (plastic and glass) as well as aromatherapy supplies, herbs, waxes and oils. They will ship all over the world.

Fragrant Earth
+44 (0)1485 831216
www.fragrant-earth.com

Fragrant Earth can supply many of the ingredients for this book – especially the oils and essential oils – and have distributors in many countries. Their website will indicate your nearest outlet/representative.

Dr Hauschka
+44 (0) 1386 792622
www.dr.hauschka.co.uk

Creators of some of the most natural make-up and skincare in the world, including a superb range of mineral sunblocks.

Jane Iredale Mineral Make-up
+44 (0)20 8450 7111
www.janeiredale.com

This is one of the purest make-up ranges available anywhere in the world, created from mined mineral pigments. It is ideal for even the most sensitive skins (as it doesn't need preservatives), and is even recommended by cosmetic surgeons for patients to use to disguise scars soon after surgery. So it's very gentle indeed.

Jekka's Herb Farm
Rose Cottage, Shellards Lane, Alveston, Bristol BS35 3SY
www.jekkasherbfarm.com

I sourced all the herb plants that I used for this book from Jekka's Soil Association-certified nursery – and they were of superb quality. The herb seeds that Jekka offers can be shipped all over the world, and she offers a downloadable catalogue from her website. For anyone who wants to grow their own herbal and plant ingredients, I recommend her books on growing and using herbs, including *Jekka's Complete Herb Book*, which covers 355 different herbs from Aaron's root to Zingiber (ginger).

Liz Earle Naturally Active Skincare
+44 (0)1983 813913
www.lizearle.com

Liz uses high levels of botanical ingredients in her skincare, and offers a great mineral-based suncare range. The site will ship worldwide.

Neal's Yard Remedies
+44 (0)161 831 7875
www.nealsyardremedies.com
See website for shop locations

Neal's Yard Remedies are my No. 1 choice for home beauty supplies – because they offer the widest range of organically certified base oils, essential oils, dried herbs and other ingredients, like beeswax and clays. I can't recommend this range too highly. They have distributors in some countries around the world but will ship to anywhere from the UK site.

NHR Organic Oils
+44 (0)845-816 0195
www.nhrorganicoils.com

NHR also offers a selection of organic oils, which they will shop around the world.

Organic Herb Trading Co.
+44 (0)1823 401205
www.organicherbtrading.co.uk

The Organic Herb Trading Company imports and distributes dried organic herbs and spices to the UK (as well as some oils and shea/cocoa butter etc.), but is primarily a wholesaler – so you'll usually need to order in quantities of 1 kilo or more.

Spiezia Organics
+44 (0)1326 231600
www. spiezia.co.uk

The first range of fully organic skincare to be certified by The Soil Association; will ship worldwide.

USA AND CANADA

Aveda
www.aveda.com
See UK entry for comments

Camden Grey Essential Oils
(305) 500 9630
Toll free (877) 232 7662
www.camdengrey.com

A one-stop shop for essential oils (both organic and standard cultivation), base oils, salts, clays, bottles, lip balm containers, plus their exclusive LecheFresca™ bottle, which is like an old-fashioned US milk bottle (and ideal for making gifts of bath salts/lotions etc.).

Eco-natural.com
(250) 353 9680
www.eco-natural.com

This Canadian site offers organic and wild-crafted essential oils and base oils, as well as an unusually large range of Celtic sea salts that are perfect for making scrubs; will ship to the US and the rest of the world.

Dr Hauschka
(800) 247 9907
www.dr.hauschka.com
See UK entry for comments

Jane Iredale Mineral Make-up
www.janeiredale.com
In Canada, Jane Iredale is distributed by Stogryn Sales Ltd:
(800) 661 7024   www.stogryn.ca

Liz Earle Naturally Active Skincare
+44 (0) 1983 813913
www.lizearle.com
See UK entry for comments

Mountain Rose Herbs
(800) 879 3337
www.mountainroseherbs.com

This company prides itself on its ethical standards and offers a wide selection of organic products ideal for use in cosmetics, including clays, floral waters, butters, beeswax, base oils and essential oils, as well as jars/containers/sprays to put them in. They will ship internationally (call country code +541-741 7341).

Mulberry Creek
(419) 433 6126
www.mulberrycreek.com

This Ohio-based herb farm offers the largest selection of quality certified organic herbs in pots in the US, ideal for ground cover, culinary – and of course, cosmetic – uses.

Neal's Yard Remedies
Mail order catalogue: (888) 697 8721
www.nealsyardremediesusa.com
See UK entry for comments

In Canada, Neal's Yard Remedies are available through:
Authentic Essence: (1) 416 769 6125
e-mail: riancassells@compuserve.com

NHR Organic Oils
(866) 816 0194
www.nhr.kz
See UK entry for comments

Sage Woman Herbs
www.sagewomanherbs.com
(719) 473 9702

A very wide selection of mail order herbs, base oils and other essential ingredients.

Spiezia Organics
+44 (0)1326 231600
www. spiezia.co.uk
See UK entry for comments

Sunrose Aromatics
(718) 794 0391
Toll Free (888) 382 9451
www.sunrosearomatics.com

An excellent selection of base oils, butters and aromatherapy ingredients (including a wide selection of organically certified essential oils). The site, which has won a couple of awards, also includes a selection of recipes for making your own cosmetics.

AUSTRALIA

Aveda
www.aveda.com
See UK entry for comments

問合せ先

Allcrafts Goods & Services
(08) 9310 7884 e-mail: allcrafts@p085.aone.net.au
Supplies for hand-made soap and toiletries makers.

Jane Iredale
In Australia and New Zealand, contact Margifox Distributors:
(61) 01 3008 50008 e-mail: orders.mfd@bigpond.com

Green Harvest
1(800) 681 014
www.greenharvest.com.au
Suppliers of organic herb seeds and plants.

NEW ZEALAND
www.organicpathways.co.nz
A useful 'master site' which can help you track down suppliers of organic herb plants, as well as oils, waxes etc.

Aveda
www.aveda.com
See UK entry for comments

Aromaflex
(03) 545 6217
www.aromaflex.co.nz
Offer a range of organic essential oils.

Jane Iredale
See Australia entry

日本

アヴェダ
www.aveda.com
イギリスの欄参照。

ジェーン・アイルデール
ジェーン・アイルデールはメディカル・リサーチ・インターナショナルで販売されています。(MRI Inc.): (813) 5770-5415
www.mri-beauty.com

ニールズヤード レメディーズ
03-5778-3544
www.nealsyard.co.jp

便利なホームページ

www.makeyourowncosmetics.com
Eメールリストに登録すれば、毎週自宅で作れる化粧品のレシピが送られてきます。

www.demoz.org/Shopping/Health/Alternative/Bodycare_Products
世界中で入手できる自然素材やレディメイド製品を全体的に見ることのできる良質のホームページです。

www.arhs.net/Shopping/Health/Alternative/Aromatherapy/BodycareProducts
様々なアロマセラピーのお店や自然化粧品会社とリンクした、やはり全体的な概略を見ることのできるサイトです。

www.mangobutter.com
これは様々なアロマセラピーや化粧品関係の材料を扱う業者が多数登録する"マスターサイト"であり、1ヶ所ですべて買うことのできるすばらしいお店です。

www.myownlabels.com
自分のラベルを作りたいと思う人にはすばらしいサイトです。魅力的なシール式のラベルに、どんなメッセージでもプリントし（書体やデザインも豊富です）、世界中に発送してくれます。

www.bellaonline.com
本書で学んだことからさらにもう1段階上に進みたいと思っているなら、このサイトは、リップバーム、ヘアケア、ナチュラルソープ、フェースケア用品などを作る授業をEメールで行う、オンライン・コースを提供しています（授業料US$20）。

www.world.std.com
自分の香水作りや香水の簡単な歴史などの情報サイト。

www.beautybible.com
著者のウェブサイト。

索引

あ
アーモンドオイル　149
アイビーのアンチセルライト・オイル　115
アイブライト　62
　　アイブライトのアイブライトナー　62
　　優しいアイメークアップ・リムーバーオイル　58
赤毛　90
赤毛のヘアパック　90
足　120〜3
汗を抑えるフットスプレー　120
アプリコット
　　アプリコットカーネル（杏仁）・オイル　149
　　肌をやわらかくするアプリコット・パック　21
アボカド　150
　　オイル　149
アルカネット　72
アルガンオイル　149
アルニカ・クリーム　57
アロエ　22、57
　　アロエ・クレンザー　22
　　キュウリのリフレッシュ・ジェル　58
　　スターフラワー・パック　21
　　日焼けを癒すアロエの鎮痛剤　119
泡立つハーブのフェイスウォッシュ　41
安全のための注意　145
安息香のチンキ　150
イチゴ
　　笑顔を輝かせるイチゴのブライトナー　65
　　血色の悪い脂性肌に　25
　　日焼けに　119
ウィッチヘイゼル　116、119、150
ウィロウの傷バスター　46
嬉しいボディバター　112
エプソムソルト　103
エルダーベリー
　　エルダーベリーのバストニック　99
　　ダークヘア用エルダーベリー・リンス　89
オイリーヘア用応急トリートメント　82
お茶
　　ハーブティー　135
　　ハーブのバスティー　100
　　ミントとブラックティーの日焼けローション　119
　　薬湯作り　153
オリーブオイル　149
オリス根　82
オイリーヘア用応急トリートメント　82
ステキなフェイスパウダー　75

か
顔
　　乾燥肌　17〜21
　　脂性肌　26〜33
　　成熟肌　49〜55
　　トラブル肌　41〜6
　　敏感肌　34〜9
　　普通肌　25
香り　131〜3
カオリン　150
顔を引きしめるブドウ・パック　50
カスティール・シャンプー　82
カボチャのボディパック　111
カモミール　86
　　髪を輝かせるカモミールとルバーブの
　　　トリートメント　86
　　つやを出すハーブのヘア・トリートメント　85
　　肌を休めるカモミール・クリーム　37
　　瞼の腫れを取るカモミール・アイパック　61
カルメル・ウォーター　132
カレンデュラ
　　カレンデュラ・ティーのマウスウォッシュ　65
　　万能のカレンデュラ軟膏　57
　　マリーゴールド参照
乾燥肌　17〜21
キャラウェイ・ティー　135
キュウリ　38
　　傷対策キュウリ・パック　45
　　キュウリのボディローション　111
　　キュウリのリフレッシュ・ジェル　58
　　キュウリの冷パック　85
　　日焼け対策　119
　　敏感肌用キュウリ・パック
　　ミルクとキュウリとミントのクレンザー
唇　71〜2
クランベリー・ジュース　90
グリセリン　150
　　ビートルートとグリセリンのチークとリップの
　　　ティント　72
クレソン
　　息をさわやかにする　66
　　優しい、クレソンと挽き割りオートムギの肌磨
　　　きバッグ　41
クロタネソウのボディバーム　108
化粧品の保管　142、145

さ
容器　141
化粧品の容器　142
コーンスターチ　150
ココアバター　150
ココナツオイル　149
小麦胚芽オイル　18、149
コンフリー　45
　　にきび肌向けコンフリー・パック　45

砂糖の甘いボディスクラブ　104
さわやかなミントティー・リンス　93
シアバター　150
塩
　　ラベンダーと塩のボディスクラブ　104
脂性肌　26〜33
　　イチゴ　25
シトラス（柑橘類）の皮　116
シャンプー　81〜2
　　玉子　93
重曹　150
重炭酸ソーダ　150
ジュニパーの実　66、90
ジンジャー・パウダー　90
浸出液　153
浸出オイル　112、153
シンプルなソープワート・シャンプー　81
スイートアーモンドオイル　149
スターフラワー・パック　21
素敵なフェイスパウダー　75
スペアミントと歯　65
セージ　76
　　髪を黒くするセージのトリートメント　89
　　吸収の速いセージとヤロウの
　　　モイスチュアライザー　30
　　セージの睫毛コンディショナー　76
　　歯　65
成熟肌　49〜55
ゼラニウム　17
　　ゼラニウム・クレンジングバーム　17
　　ローズゼラニウム・ボディパウダー　102
セルライト　115
煎じ液　153
ソープワート　81
　　泡立つハーブのフェイスウォッシュ　41
　　シンプルなソープワート・シャンプー　81

索引

た
タイム 42
    タンポポのスキントニック 22
    ペパーミントとタイムのフェイシャル・スチーム 42
太陽で熟したトマトのコロン 131
玉子
    玉子の白身のパック 33、45
    ヘア・トリートメント 93
タルク 75
タンポポのスキン・トニック 22
疲れ目を癒すジャガイモ・アイパック 61
爪と甘皮の栄養クリーム 128
爪を元気にするオイル 128
つややかなリップグロス 71
つやを出すハーブのヘア・トリートメント 85
つやとボリュームを出すネットルのリンス 85
手 124〜8
ティーツリーオイル 57
デオドラント 116
手作りローズウォーター 18
頭皮のための冷パック 85
トナー 41
トマト
    太陽で熟したトマトのコロン 131
    トマトのフェイスパック 33
トラブル肌 41〜6
トリプル・ローズ・フレッシュナー 37
泥パック 103
泥パック 103

な
ナスターチウムのヘアリンス 93
ニゲラ　クロタネソウ参照
二重鍋 153
乳香（フランキンセンス）
    ビタミン力を高めるモイスチュアライザー
    マリーゴールドと乳香の栄養クレンジング
        オイル 49
ニンジン 54

は
歯 65〜6
バーチ・ティー 135
ハーブのアイ・ピロー 62
ハーブの乾燥 146
ハーブの乾燥と保管 146
ハーブのバスティー 100
ハーブのバスバッグ 100
ハーブの歯磨き粉 65
ハーブのパワーアップ・シャンプー 82
ハーブの保管 146
ハーブの冷凍 146
ハイビスカスの花 90
バスタイム 96〜103
肌に優しいマリーゴールド・クレンジング 34
蜂蜜 57、150
    フェンネルと蜂蜜のフレッシュナー 49
パッチテスト 145
パパイヤ
    ミントとパパイヤの美顔トリートメント 33
バラ 96
    トリプル・ローズ・フレッシュナー 37
    バラの蕾のリップ 72
    バラの花びらとラベンダーのボディパウダー 107
    魅惑的なローズコロン 131
    目を生き返らせるバラの花びらアイパック 61
    ローズウォーター参照
    ローズ・モイスチュアライザー 18
    ローズ、ローズ、ローズ 96
バラの蕾のリップ 72
バランスを取るラベンダー・バスソルト 99
はりを取り戻すフェイシャルマッサージ 136
ハンガリーウォーター 132
万能のカレンデュラ軟膏 57
ビートルート
    ビートルートとグリセリンのチークとリップのティント 72
    ピンクのリップティント 71
ビール 150
挽き割りオートムギ 150
    癒しのラベンダーソルト 99
    優しい、クレソンと挽き割りオートムギの肌磨きバッグ 41
ビタミン力を高めるモイスチュアライザー 53
ヒマワリオイル 149
日焼け後のお手入れ 119
敏感肌 34〜9
ピンクのリップティント 71
フェンネル 49
    息をさわやかにする 66
    フェンネルと蜂蜜のフレッシュナー 49
ふけ 93
普通肌 25
ブッチャーズブルーム 115
フラー土 150
フルーツ・パック 25
ヘア 79〜93
ヘチマ 104
ペパーミント
    オイル 26
    ペパーミントとタイムのフェイシャル・スチーム 42
    ペパーミントのフットバーム
    ミントも参照
ホーステイル
    爪と甘皮の栄養クリーム 128
    爪を元気にするオイル 128
ホウ砂 150
ボディ・トリートメント 104〜99
ボディ・ブラッシング 115
ホホバオイル 149
ボリジ 21
    スターフラワー・パック 21

ま
マーシュマロウ 127
    手をいたわるマーシュマロウのハンドクリーム 127
マウスウォッシュ
    カレンデュラ・ティー 65
    ローズマリーとミント 66
マスカラ 76
マッサージ
    足 123
    オイル 112
    顔 136
マドンナリリーのネック・トリートメント 53
マリーゴールド（カレンデュラ） 34
    カレンデュラ・ティーのマウスウォッシュ 65
    肌に優しいマリーゴールド・クレンジング 34
    万能のカレンデュラ軟膏 57
    マリーゴールドと乳香の栄養クレンジングオイル 49
    優しいアイメークアップ・リムーバーオイル 58
    ビタミン力を高めるモイスチュアライザー 53
蜜蝋 150
ミルク
    バスタイム 96、99
    ミルクとキュウリとミントのクレンザー 26

索引

魅惑的なローズコロン　131
ミント　26
　さわやかなミントティー・リンス　93
　スペアミント　65
　日焼けを癒すミントとブラックティーの日焼けローション　119
　ペパーミントオイル　26
　ペパーミントとタイムのフェイシャル・スチーム　42
　ペパーミントのフットバーム　123
　ミルクとキュウリとミントのクレンザー　26
　ミントとパパイヤの美顔トリートメント　33
　ローズマリーとミントのマウスウォッシュ　66
　ローズマリーのフットバス　120
目　58〜62
メイクアップ　69〜76

や

薬湯作り　153
優しいアイメークアップ・リムーバーオイル　58
優しい、クレソンと挽き割りオートムギの肌磨きパック　41
ヤロウ　30
　吸収の速いセージとヤロウのモイスチュアライザー　30
ユリ
　マドンナリリーのネック・トリートメント　53
ヨーグルト
　頭皮のための冷パック　85
　肌を明るくするラズベリー・パック　33
　日焼け　119
容器　141
用具　141

ら

ラズベリー
　肌を明るくするラズベリー・パック　33
　歯を輝かせる　65
ラノリン　150
ラビジ　116
ラベンダー　29
　癒しのラベンダー・バスソルト　99
　オイル　57
　ハーブのアイ・ピロー　62

　バラの花びらとラベンダーのボディパウダー　107
　ラベンダーと塩のボディスクラブ　104
　ラベンダーのスキントニック　29
　ラベンダーのデオドラント　116
リンゴ　46
　ふけを解決するリンゴジュース・リンス　93
　リンゴのトリートメント　46
　リンゴのにきびブラスター　46
リンゴ酢　119、150
リンデン・ティー　135
ルバーブ
　髪を輝かせるカモミールとルバーブのトリートメント　86
レスキューレメディ　57
レタス
　肌をやわらかくするレタスのトニック化粧水　50
　レタスのフェイスパック　25
レディスマントル　124
　レディスマントルのハンドオイル　124
　レディスマントル胸用トニック　108
レモンジュース　150
　爪　128
　ハイライト　86
ローズウォーター　150
　購入について　30
　デオドラントとして　116
　手作り　18
ローズゼラニウム・ボディパウダー　107
ローズヒップ・ティー　135
ローズマリー　66
　汗を抑えるフットスプレー　120
　つやを出すハーブのヘア・トリートメント　85
　ローズマリーとミントのマウスウォッシュ　66
　ローズマリーのフットバス　120
ローズ・モイスチュアライザー　18

植物インデックス

使用する植物に関する詳しい情報は、インデックスにある通称のページをご覧ください。

アイブライト
　（*Euphrasia officinalis*）　62
アルカネット
　（*Alkanna tinctoria*）　72
アロエ
　（*Aloe barbadensis*）　22
カモミール
　（*Anthemis nobilis*）　87
キュウリ
　（*Cucumis sativus*）　38
コンフリー
　（*Symphytum officinale*）　45
セージ
　（*Salvia officinalis*）　76
ゼラニウム
　（*Pelargonium*）　17
ソープワート
　（*Saponaria officinalis*）　81
タイム
　（*Thymus vulgaris*）　42
ニンジン
　（*Daucus carota*）　54
バラ
　（*Rosa*）　96
フェンネル
　（*Foeniculum*）　49
ボリジ
　（*Borago officinalis*）　21
マーシュマロウ
　（*Althaea officinalis*）　127
マリーゴールド
　（*Calendula officinalis*）　34
ミント
　（*Mentha piperata*）　26
ヤロウ
　（*Achillea millefolium*）　30
ラベンダー
　（*Lavandula*）　29
リンゴ
　（*Malus* species）　46
レディスマントル
　（*Alchemilla mollis*）　124
ローズマリー
　（*Rosmarinus officinalis*）　66

159

産調出版の本

体の毒素を取り除く
体内の有害物質を追い出して
ナチュラルな体を取り戻す

ジェーン・アレクサンダー 著

日常の暮らしに潜む有害物質を体から取り除く方法。体の不調やマイナスの感情からあなたを守るための、週末または30日でできるデトックス(解毒)・プログラムを紹介。

本体価格2,800円

顔のハリを取りもどす
ヘルシーな肌と若々しい表情を作る、
シンプルなアンチエイジング・プログラム

ピエール・ジャン・クーザン 著

指圧とエッセンシャルオイルを組み合わせた簡単なマッサージ手順を紹介。毎日、数分間のマッサージで、肌を保護してハリを与え、シワを減らせる6週間プログラムと手順表付。

本体価格1,920円

女性のための ハーブ自然療法
女性の一生涯を
ハーバルライフで綴ったバイブル

アン・マッキンタイア 著

四季を通じて、家の庭から取れるハーブや植物を調合。健康のバランスをどのように維持していくかを表示します。

本体価格6,360円

顔の若さを保つ
わずか10分で加齢に立ち向かう
テクニックのいろいろ

テッサ・トーマス 著

顔についてあらゆる角度からとりあげた本。10代～50代の各年代の肌の現状に即したケアの方法を解説。美容整形の種類と効用・有効期間を収録。

本体価格2,620円

アロマセラピー活用百科
健康と幸福のために精油を役立てる
実用的な完全ガイドの決定版

ジュリア・ローレス 著
小林直美 日本語版監修

アロマセラピーが古代に発祥し、近代で復活を遂げるまでの歴史をたどりながら、健康と活力を増進させるナチュラルな治療手段として精油を活用する方法をくまなく紹介。

本体価格4,300円

アーユルヴェーダ美容健康法
永遠の健康美を保つ
真のアンチ・エイジング

アンナ・セルビー 著
上馬場和夫 日本語版監修

はじめての人でも自宅でできるアーユルヴェーダの実践法をわかりやすく紹介。自分のドーシャを知ろう／ホームスパ／ヨーガの大切さ／食事による健康法／トリートメントによる健康法など。

本体価格2,900円

---

the ultimate natural beauty book
ナチュラルビューティ・ブック

発　　　行　2005年3月1日
本体価格　2,500円
発　行　者　平野　陽三
発　行　所　産調出版株式会社
　　　　　　〒169-0074 東京都新宿区北新宿3-14-8
　　　　　　TEL.03(3363)9221　FAX.03(3366)3503
　　　　　　http://www.gaiajapan.co.jp

Copyright SUNCHOH SHUPPAN INC. JAPAN2005
ISBN 4-88282-411-6 C0077

落丁本・乱丁本はお取り替えいたします。
本書を許可なく複製することは、かたくお断わりします。
Printed and bound in China

著　者：ジョゼフィーン・フェアリー
　　　　(Josephine Fairley)
英国の日曜紙Mail On Sunday'sが発行するYou Magazineの編集者で、美容やオーガニックライフに関する記事を執筆している。著書に『オーガニック美容法』(産調出版)がある。また、美容関連業界の女性エグゼクティブのネットワーク、Cosmetic Executive Women協会の会長であり、Green & Black's Organic Chocolate社の創立者でもある。

翻訳者：竹内　智子(たけうち ともこ)
同志社大学英文科卒業。訳書に『漢方療法』『ホリスティックハーブ療法事典』(いずれも産調出版)など。